ロボティクスシリーズ 8

# ロボット機構学（改訂版）


博士（工学） 永井　清
博士（工学） 土橋　宏規
共著



コロナ社

# 刊行のことば

本シリーズは，1996年，わが国の大学で初めてロボティクス学科が設立された機会に企画された。それからほぼ10年を経て，卒業生を順次社会に送り出し，博士課程の卒業生も輩出するに及んで，執筆予定の教員方からの脱稿が始まり，出版にこぎつけることとなった。

この10年は，しかし，待つ必要があった。工学部の伝統的な学科群とは異なり，ロボティクス学科の設立は，当時，世界初の試みであった。教育は手探りで始まり，実験的であった。試行錯誤を繰り返して得た経験が必要だった。教える前に書いたテキストではなく，何回かの講義，テストによる理解度の確認，演習や実習，実験を通じて練り上げるプロセスが必要であった。各巻の講述内容にも改訂と洗練を加え，各章，各節の取捨選択も必要だった。ロボティクス教育は，電気工学や機械工学といった単独の科学技術体系を学ぶ伝統的な教育法と違い，二つの専門（T型）を飛び越えて，電気電子工学，機械工学，計算機科学の三つの専門（$\pi$型）にまたがって基礎を学ばせ，その上にロボティクスという物づくりを指向する工学技術を教授する必要があった。もっとたいへんなことに，2000年紀を迎えると，パーソナル利用を指向する新しいさまざまなロボットが誕生するに及び，本来は人工知能が目指していた“人間の知性の機械による実現”がむしろロボティクスの直接の目標となった。そして，ロボティクス教育は単なる物づくりの科学技術から，知性の深い理解へと視野を広げつつ，新たな科学技術体系に向かう一歩を踏み出したのである。

本シリーズは，しかし，新しいロボティクスを視野に入れつつも，ロボットを含めたもっと広いメカトロニクス技術の基礎教育コースに必要となる科目をそろえる当初の主旨は残した。三つの専門にまたがる$\pi$型技術者を育てるとき，広くてもそれぞれが浅くなりがちである。しかし，各巻とも，ロボティクスに直接的にかかわり始めた章や節では，技術深度が格段に増すことに学生諸君も，そして読者諸兄も気づかれよう。恐らく，工学部の伝統的な電気工学，機械工学の学生諸君や，情報理工学部の諸君にとっても，本シリーズによってそれぞれの科学技術体系がロボティクスに焦点を結ぶときの意味を知れば，工学の面白さ，深さ，広がり，といった科学技術の醍醐味が体感できると思う。本シリーズによって幅の広いエンジニアになるための素養を獲得されんことを期待している。

2005 年 9 月

編集委員長　有本　　卓

# ま え が き

本書は，ロボット機構の扱い方を修得したい機械系の学部生や大学院生が独学に用いること，あるいはロボットの機構学を詳説する授業で教科書として用いられることなどを想定して執筆したものである。本書ではおもに，ロボットアーム（マニピュレータ）を対象として，運動学，静力学，そして動力学について解説している。運動学はロボットの手先運動と関節運動の関係を扱い，静力学はロボットの手先力と関節駆動力の関係を扱う。また，動力学はロボットの関節運動と関節駆動力の関係などを扱うものである。このような運動学，静力学，および動力学の知識を修得することは，ロボット機構の解析，制御プログラムの作成，あるいはロボット機構の設計で重要となる基礎知識を身につけることを意味する。

本書の執筆方針は，このような読者や使途の想定，および内容をふまえて，以下のように設定している。

1. ロボット機構学の基礎を丁寧に説明する。
   回転関節や並進関節をもつ簡単なマニピュレータの例を多く用いて，ロボット機構学の基礎や手法を丁寧に説明する。

2. 運動学や静力学，動力学の物理的意味を丁寧に説明する。
   速度の関係式のヤコビ行列，静力学関係式の転置ヤコビ行列，運動方程式の慣性行列などの物理的意味を丁寧に説明する。

3. 手法の説明は，一般の機構への手法の適用をふまえて行う。
   運動学や静力学，動力学の関係式の導出においては，簡単な機構を対象とする場合であっても，適宜，一般の場合と同一か類似の手法で行い，一般の場合への適用を理解しやすくする。

4. 運動制御におけるロボット機構学の利用方法を説明する。
ロボット機構学に対する理解を深めるため，運動学や静力学，動力学がマニピュレータの運動制御においてどのように利用されるかを説明する。

本書の執筆にあたって，図の清書などに多くの協力をいただいた立命館大学理工学部ロボティクス学科の五藤孝彬君と清水拓也君，長澤里美さんに感謝したい。

2015 年 7 月

永井　清，土橋　宏規

## 改訂にあたって

本書の初版は 2015 年に発行された。その後，多くの大学で教科書として採用され，「ロボット機構学の基礎を丁寧に説明する」などといった本書の執筆方針は多くの方に理解いただいた。

一方，本書のもう一つの想定である「ロボット機構の扱い方を修得したい機械系の学部生や大学院生が独学に用いること」を考えると，専門分野の研究で必要なロボット機構学の基礎として，知識や手法の実際の使用場面を考慮した説明を加筆・修正したほうがよいと思う内容がいくつか出てきた。

さらに，よりわかりやすくなるように完成度を上げた説明をいくつかのトピックスに加えることで，本書を授業で使用する際，および独学で使用する際の価値がさらに高まると考え，今回，改訂版としてさらなる内容の充実をはかった。
改訂にあたって，協力いただいた立命館大学理工学部ロボティクス学科の三村陽菜さんと石上奈々さんに感謝したい。

2023 年 8 月

永井　清，土橋　宏規

# 目　　　次

## 1.　ロボット・マニピュレータの機構学



## 2.　手先位置の表現と座標変換



## 3.　運動学における位置の関係式

## 4.　運動学における速度の関係式



## 5.　静　　力　　学

## 6. 動　　力　　学



## 7. パラレル・メカニズム

## 8.　冗長マニピュレータ



## 9.　運動制御における機構学の利用

# 1

# ロボット・マニピュレータの機構学

## 1.1　ロボット・マニピュレータ

### 1.1.1　機 構 の 構 造

腕の形をしたロボットは通常，**ロボット・マニピュレータ**（robot manipulator）やマニピュレータ（manipulator），またはロボットアーム（robot arm）と呼ばれる。マニピュレータという名称は，「**操り動作**（manipulation）を行うもの」からきている。**図 1.1** にマニピュレータの概念図を示す。

典型的なマニピュレータは，図に示すように複数の**リンク**（link）が**関節**（joint）によって結合された構造をしている。関節は通常，二つの物体の間の相対的な回

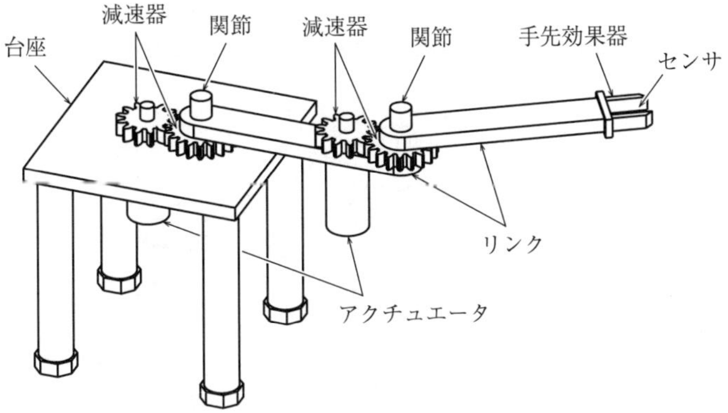


図 **1.1**　マニピュレータの概念図

転運動または並進運動を行う**対偶**（pair）によって構成される。根元の関節は**台座**（base）に固定され，先端には作業に応じた**手先効果器**（end effector）が装着される。**作業対象物**（object または work）の把握が必要な作業においては**グリッパ**（gripper）または**ハンド**（hand）が使用され，それが**センサ**（sensor）を有する場合もある。関節を駆動するための**モータ**（motor）などは一般に**アクチュエータ**（actuator）と呼ばれ，発生した力は**歯車**（gear）などの**減速器**（reduction mechanism）により増幅されて関節に伝達される。アクチュエータにより駆動される関節は**能動関節**（active joint）と呼ばれ，そうでない関節は**受動関節**（passive joint）と呼ばれる。

図 1.1 のマニピュレータは二つの関節をもつため，2 自由度マニピュレータまたは 2DOF マニピュレータ（DOF：degree of freedom，**自由度**）と呼ばれる。ここでいう自由度は，機構の運動を表現する独立した位置変数の数であり，通常のマニピュレータにおいては関節数と一致する。

### 1.1.2　システムの構成

**ロボットシステム**（robotic system）の例を**図 1.2** に示す。このロボットシステムはマニピュレータ（ロボットアーム）と**コントローラ**（controller），すなわち制御装置から構成されるロボットシステムであるが，マニピュレータのかわりに移動ロボットなどを用いたロボットシステムもある。マニピュレータ

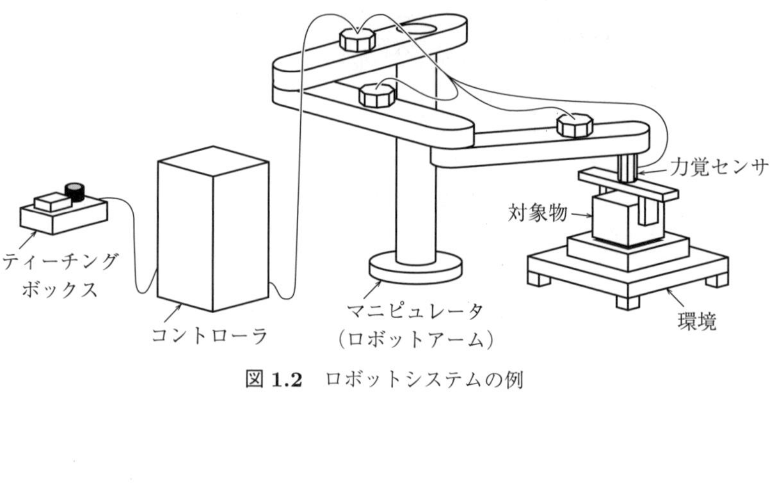


**図 1.2**　ロボットシステムの例

の周辺にある対象物などは総称して**環境**（environment）と呼ばれる。以下ではロボットシステムの機能と各部の働きについて説明しよう。

ロボットシステムのおもな機能はつぎの通りである。

(1)　マニピュレータの動作を生成する運動制御機能

(2)　目標手先軌道や目標手先力を教示する動作教示機能

(3)　諸定数の設定や運動状態の表示，異常時の動作停止を行う設定・保守機能

これらの機能を**図 1.3** のハードウェア構成の例を用いて説明しよう。この構成の場合，各機能は演算部に組み込まれたソフトウェアにより実現される。

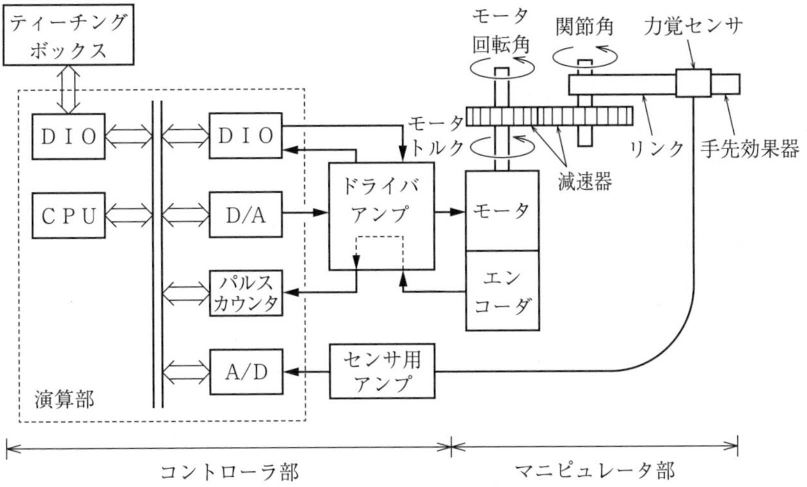


**図 1.3**　ロボットシステムのハードウェア構成の例

**(1)　運動制御機能**　　この機能を実現するためには，運動状態にかかわる位置情報を検出する**エンコーダ付モータ**（motor with encoder）がよく用いられる。エンコーダで検出されるモータ回転角あるいは関節角は，力覚センサで検出される手先力とともに演算部の **CPU**（central processing unit）に送られる。そして制御則に応じて算出される**指令値**（command signal）が**ドライバアンプ**（driver amplifier）に与えられ，それに応じた電流がモータに流されるこ

とにより，モータトルクが発生する。

この際，**インクリメンタルエンコーダ**（incremental encoder）の場合は，モータ回転角に比例した数の矩形波が出力され，カウント機能を有する**パルスカウンタ**（pulse counter）により入力される。また，指令値がアナログ電圧信号として入力されるドライバアンプの場合は，**D/A コンバータ**（digital/analog converter）が演算部の出力用のインタフェースとして用いられる。一方，力覚センサで検出される手先力などは，センサ用アンプによりアナログ電圧信号として出力され，**A/D コンバータ**（analog/digital converter）により入力される。

ドライバアンプの制御方法の形式には位置制御型，速度制御型，トルク制御型があり，回転型モータの場合はそれぞれ，モータ回転角，回転速度，モータトルクの指令値がドライバアンプに入力され，ドライバアンプの制御機能により対応する物理量が指令値に追従する。

その際，指令値として位置制御型ドライバアンプではパルス列が用いられ，速度制御型，トルク制御型ドライバアンプではアナログ電圧が用いられる場合が多い。速度制御型，トルク制御型ドライバアンプを用いて位置制御系を構成する場合には，制御ソフトウェア上でモータ回転角を用いるのでパルスカウンタが必要となる。

上述の構成要素を用いてシステムを構成する際，位置制御型ドライバを用いる場合は，演算部でモータ回転角を用いる必要がないのでパルスカウンタは不要となる。この場合，正確な指令値をパルス信号として与えるために，D/A コンバータのかわりに，パルス発生器が出力用インタフェースとして用いられる場合が多い。

また，位置／速度制御型ドライバアンプにおいては，エンコーダ信号はドライバアンプ内部で回転速度に変換され，ドライバアンプの速度制御機能や速度モニタのために使われる。図 1.3 のようなハードウェアでは，CPU から D/A コンバータを介してモータに向かう信号の流れと，エンコーダからパルスカウンタを介して CPU に向かう信号の流れや，力覚センサから A/D コンバータを介して CPU に向かう信号の流れがフィードバックループを構成している。このフィードバックループは，9 章に述べるマニピュレータの運動制御機能を実現するためのものである。

**(2)　動作教示機能**　　この機能では，目標手先軌道や目標手先力などが指定される。また，動作教示用に制御方法を切りかえることも行われる。これらのためにティーチングボックス（teaching box）が使われる。ティーチングボックスのインタフェースには **DIO**（digital input-output）が使われることが多い。

**(3)　設定・保守機能**　　ティーチングボックスを利用して制御に必要な諸定数を設定したり，マニピュレータの位置，速度，力信号の表示や，異常時や点検時におけるドライバの出力信号の停止などを行う。

## 1.2　ロボット・マニピュレータの運動学，静力学，動力学

### 1.2.1　2DOF マニピュレータの運動学の例

マニピュレータの機構設計やその制御を行う際には，マニピュレータの機構を正確に定義したうえで，その運動を適切に表現する必要がある。

**図 1.4** に前述の 2DOF マニピュレータのリンク機構を示す。マニピュレータの運動はおもにリンク機構によって決定されるため，駆動部と呼ばれるアクチュエータや減速器を取り除いて考える場合が多い。駆動部については必要に応じてあらためて付加すればよい。

図のリンク機構の場合，紙面に垂直な回転関節をもつ関節構造であることと，リンク長さ $L_1$，$L_2$ および，関節角 $\theta_1,\theta_2$ を定めることによりリンク機構を定義できる。この例では**回転関節**（revolute joint）の場合を取り上げているが，直線的な動作を行う**並進関節**（prismatic joint）の場合もある。このため，関節の位置を表す変数は一般に，**関節変数**（joint variable）と呼ばれる。

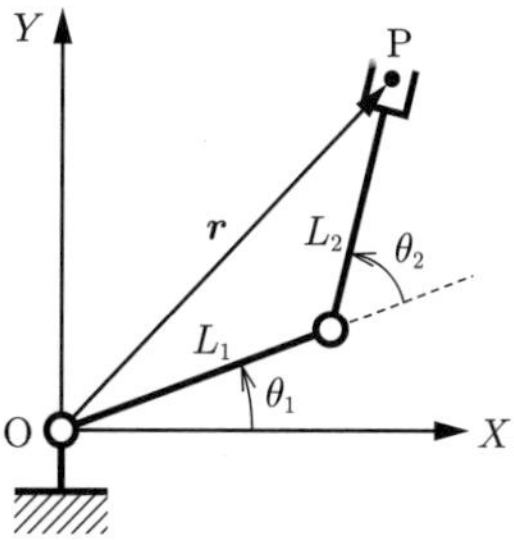

図 1.4　2DOF マニピュレータのリンク機構

マニピュレータの運動を扱う際には，作業が

おもに手先により実行されることを考えると，手先（図 1.4 の点 P）の位置や姿勢に関心がある。一般の場合には，手先位置と手先姿勢をあわせて**手先位置**（endpoint position）と呼称する。この手先位置と関節変数の関係を幾何学の観点から扱うことは，**運動学**（kinematics）と呼ばれる。

以下では，手先位置 $\boldsymbol{r}$ と関節変数 $\boldsymbol{\theta}$ をそれぞれ

$$\boldsymbol{r} = \begin{bmatrix} x \\ y \end{bmatrix}, \quad \boldsymbol{\theta} = \begin{bmatrix} \theta_1 \\ \theta_2 \end{bmatrix}$$

とベクトルで表記したものを引用しながら，図 1.4 の 2DOF マニピュレータの運動学について述べる。

手先位置の各成分は，幾何学的な考察より

$$x = L_1 \cos\theta_1 + L_2 \cos(\theta_1 + \theta_2) \tag{1.1}$$

$$y = L_1 \sin\theta_1 + L_2 \sin(\theta_1 + \theta_2) \tag{1.2}$$

であることがわかる。このような関係式は一般に，ベクトル表記を用いると次式のように表すことができる。

$$\boldsymbol{r} = \boldsymbol{f}(\boldsymbol{\theta}) \tag{1.3}$$

ただし，$\boldsymbol{f}$ はベクトル関数を表す。このように関節変数から手先位置を求めることを**順運動学**（direct kinematics）という。この式 (1.1) と式 (1.2) の組，または式 (1.3) を**運動学方程式**（kinematic equation）と呼ぶ。

逆に，与えられた手先位置から関節変数を求めることを**逆運動学**（inverse kinematics）という。具体的には，**図 1.5** の考察より次式を得る。

$$\theta_2 = \pi - \alpha \tag{1.4}$$

$$\theta_1 = \tan^{-1}\left(\frac{y}{x}\right) - \tan^{-1}\left(\frac{L_2 \sin\theta_2}{L_1 + L_2 \cos\theta_2}\right) \tag{1.5}$$

ただし，$0 \leqq \alpha \leqq \pi$ とすると

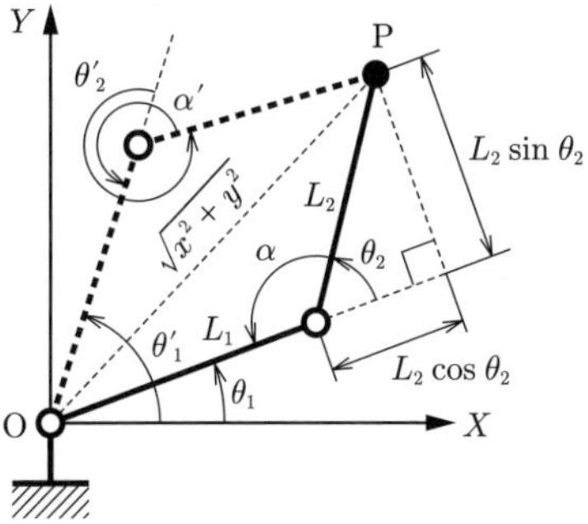


図 **1.5**　2DOF マニピュレータの逆運動学

$$\alpha = \cos^{-1}\left\{ \frac{-(x^2+y^2)+L_1^2+L_2^2}{2L_1L_2} \right\} \tag{1.6}$$

である。式 (1.4)〜(1.6) は，式 (1.3) と同様にベクトル表記を用いて

$$\boldsymbol{\theta} = \boldsymbol{f}^{-1}(\boldsymbol{r}) \tag{1.7}$$

と表すことができる。ただし，図に示すように $\alpha' = -\alpha$ も解であり，このとき $\theta_1,\theta_2$ は別の値 $\theta'_1,\theta'_2$ となる。すなわち，逆運動学の解は必ずしも一意に定まらず，**複数解**（multiple solutions）の問題が存在する。このため，式 (1.7) の表記は複数の解を意味する場合がある。

上述のように，逆運動学を解く際には $\tan^{-1}(\cdot)$ や $\cos^{-1}(\cdot)$ を計算する必要があるが，実際のプログラムでは，逆関数の精度などを考慮し，逆運動学をそれぞれ以下のような方法で求めることもできる。

$$\theta_2 = \pi - \alpha \tag{1.8}$$

$$\theta_1 = \mathrm{atan2}\,(y,\,x) \quad \mathrm{atan2}\,(L_2 \sin\theta_2,\ L_1 + L_2\cos\theta_2) \tag{1.9}$$

ただし，式 (1.8) の右辺の $\alpha$ は，次式より求める。

$$\alpha = \pm\,\mathrm{atan2}\left(\sqrt{1-\cos^2\alpha},\ \cos\alpha\right) \tag{1.10}$$

$$\cos\alpha = \frac{-(x^2+y^2)+L_1^2+L_2^2}{2L_1L_2} \tag{1.11}$$

また，式 (1.9), (1.10) の右辺の $\mathrm{atan2}\,(\cdot,\cdot)$ は，引数に対応する逆正接を求める関数であり，詳細については付録に記す。なお，式 (1.8)〜(1.10) は，式 (1.4)

〜(1.6) で与えられる解 $\theta_1, \theta_2, \alpha$ と，先に述べたもう一つの解 $\theta_1', \theta_2', \alpha'$ の両方を含むことに注意されたい。

上述の順運動学や逆運動学は，総称として運動学と呼ばれる。また，式 (1.3) の両辺を微分して得られる速度の関係や，さらに微分して得られる加速度どうしの関係を扱うことも運動学の問題である。

マニピュレータの作業においては，手先位置 $\boldsymbol{r}$ を作業内容に応じて適切に動作させることが必要となるが，アクチュエータが直接動作させるのは関節変数 $\boldsymbol{\theta}$ である。よって，式 (1.7) の逆運動学を利用して望みの手先位置 $\boldsymbol{r}$ を実現するための関節変数の値を求め，運動制御の中で利用することも可能となる。

### 1.2.2　運動学・静力学・動力学の関係

**図 1.6** のように，マニピュレータの手先が環境に接触している場合には，**手先力**（endpoint force）$\boldsymbol{F}$ と**関節駆動力**（joint driving force）$\boldsymbol{\tau}$ の関係が重要となる。静止状態においてこの関係を扱うことを**静力学**（statics）という。

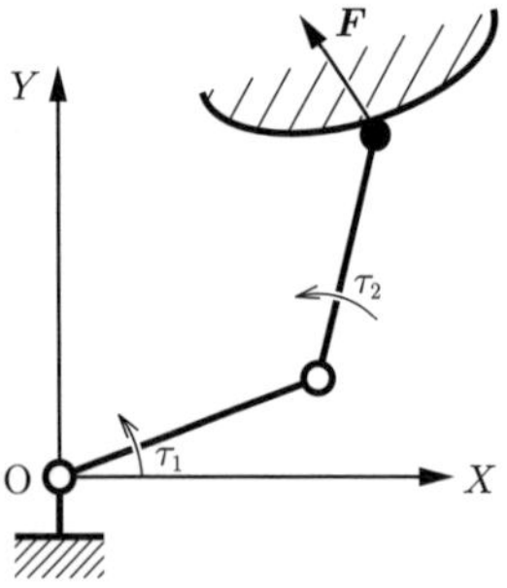


**図 1.6**　手先力と関節駆動力

また，制御を考える際には，ロボットの動作中に関節駆動力 $\boldsymbol{\tau}$ がどのような**関節位置**（joint position）$\boldsymbol{\theta}$，**関節速度**（joint velocity）$\dot{\boldsymbol{\theta}}$，**関節加速度**（joint acceleration）$\ddot{\boldsymbol{\theta}}$ を生じさせるかが重要となる。この関係を扱うことは**動力学**（dynamics）と呼ばれる。ただし，変数の上の「˙」は時間に関する微分を表す。動力学においては，リンク長さ $L_i$（$i = 1, 2$，以下同じ）のほかに，**図 1.7** に示すように，各リンクの質量 $m_i$，質量中心まわりの慣性モーメント $I_{Ci}$（6.1 節で詳しく述べる），リンクの質量中心と関節軸との距離 $L_{Ci}$ が関係する。なお，動力学では，手先力 $\boldsymbol{F}$ と手先位置 $\boldsymbol{r}$，**手先速度**（endpoint velocity）$\dot{\boldsymbol{r}}$，**手先加速度**（endpoint acceleration）$\ddot{\boldsymbol{r}}$ の組との関係を直接扱うことも可能である。

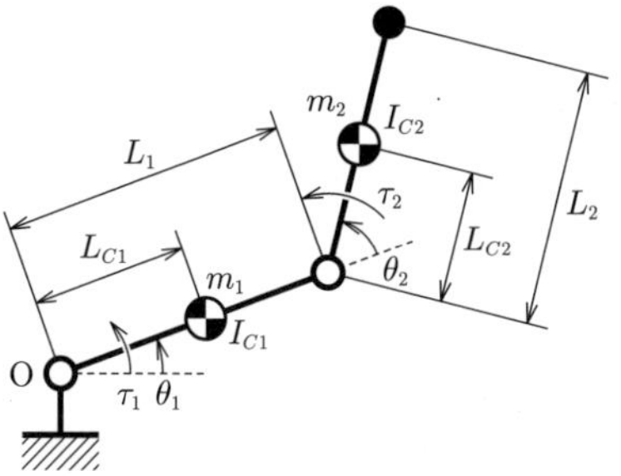


図 **1.7**　動力学に関する諸量

静力学や動力学，および 1.2.1 項で述べた運動学における諸変数の関係を図 **1.8** に示す。図中の破線の関係は，実線の関係の組合せにより表すことができるが，これらも動力学の問題として扱われる。すなわち，動力学とは，狭義では $\boldsymbol{\tau}$ と $\boldsymbol{\theta},\dot{\boldsymbol{\theta}},\ddot{\boldsymbol{\theta}}$ の組との関係，あるいは $\boldsymbol{F}$ と $\boldsymbol{r},\dot{\boldsymbol{r}},\ddot{\boldsymbol{r}}$ の組との関係を指すが，広義では運動学や静力学を考慮した $\boldsymbol{\tau}$ と $\boldsymbol{r},\dot{\boldsymbol{r}},\ddot{\boldsymbol{r}}$ の組との関係や，$\boldsymbol{F}$ と $\boldsymbol{\theta},\dot{\boldsymbol{\theta}},\ddot{\boldsymbol{\theta}}$ の組との関係も指すことに注意されたい。

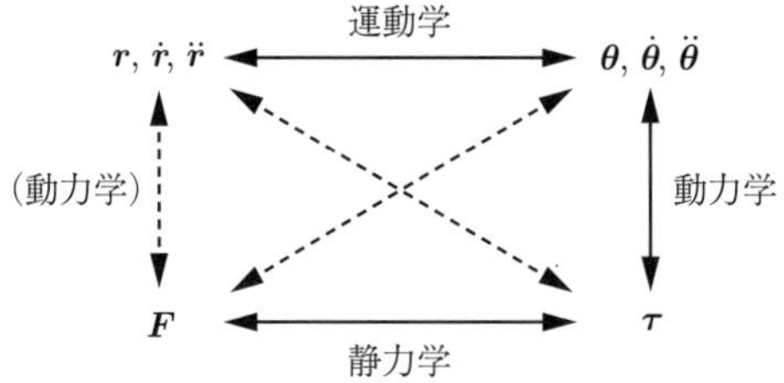


図 **1.8**　運動学，静力学，動力学の関係

運動学だけでなく，静力学や動力学から得られるマニピュレータの特性を制御の中で適宜利用することで，マニピュレータの運動制御を行うことができる。これについては，9 章で詳しく述べることとし，まずは運動学，静力学，および動力学について説明する。

なお，本書においては，直感的にも理解しやすいマニピュレータの例を多く用い，初心者にもわかりやすいよう配慮につとめているが，理解に応じて文献1)〜6) の教科書も参照されたい。また，動力学については，質点の力学[7)†]，剛体の力学[8)] の教科書を参照されたい。

† 肩付き番号は巻末の引用・参考文献を示す。

### 1.2.3　1 自由度マニピュレータの例

ここでは，前節で述べた運動学・静力学・動力学の関係の詳細を，**図 1.9** の 1 自由度マニピュレータの例として述べる。

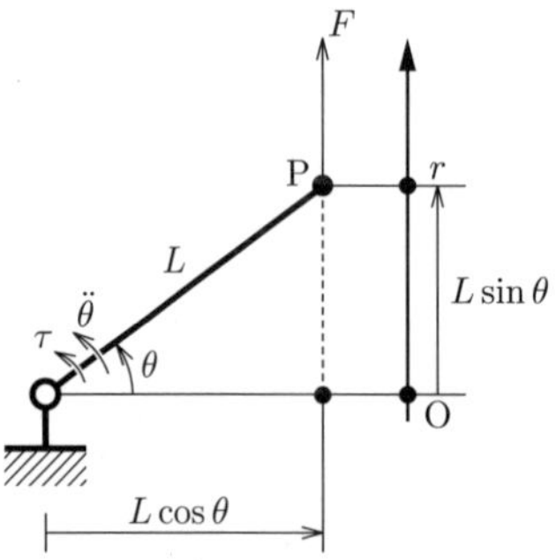


**図 1.9**　1 自由度マニピュレータ

この 1 自由度マニピュレータの順運動学は，上下方向の位置を表す 1 成分の $r$ を手先位置，$\theta$ を関節角とし，$L$ をリンク長さとすると，式 (1.12) で表される。

$$r = L\sin\theta \tag{1.12}$$

逆運動学は，式 (1.12) を $\theta$ について解き，式 (1.13) となる。

$$\theta = \sin^{-1}\left(\frac{r}{L}\right) \tag{1.13}$$

また，式 (1.12) の両辺を時間 $t$ で 1 階，および 2 階微分することにより，式 (1.14) の速度の関係式，および式 (1.15) の加速度の関係式を得る。ここで，$\dot{r}$ と $\ddot{r}$ はそれぞれ，手先速度と手先加速度であり，また，$\dot{\theta}$ と $\ddot{\theta}$ はそれぞれ，関節角速度と関節角加速度である。式 (1.15) は，$\theta = 0$ のときには，右辺の関節角速度の 2 乗の項が 0 となり，式 (1.16) となる。

$$\dot{r} = (L\cos\theta)\dot{\theta} \tag{1.14}$$

$$\ddot{r} = (L\cos\theta)\ddot{\theta} - (L\sin\theta)\dot{\theta}^2 \tag{1.15}$$

$$\ddot{r} = L\ddot{\theta} \quad (\text{when } \theta = 0) \tag{1.16}$$

一方，この 1 自由度マニピュレータの静力学関係式は，図の手先力 $F$ と関節駆動力 $\tau$ の幾何学的な関係を考えることにより，式 (1.17) を得る。式 (1.17) は，$\theta = 0$ のときには，式 (1.18) となる。

$$\tau = (L\cos\theta)F \tag{1.17}$$

$$\tau = LF \quad (\text{when } \theta = 0) \tag{1.18}$$

そして，この 1 自由度マニピュレータの動力学である運動方程式は，簡単な場合として，$\theta = 0$，かつリンクに重力が作用しないときには式 (1.19) となる。

$$I\ddot{\theta} = \tau \quad (\text{when } \theta = 0) \tag{1.19}$$

ただし，$I$ は，回転運動における質量の特性を表す物理量であり，関節軸まわりの慣性モーメントである。この慣性モーメントについては，6 章で詳しく述べる。

---

**例題 1.1**　図 1.9 の 1 自由度マニピュレータが $\theta = 0$ の姿勢にあるとき，式 (1.16)，式 (1.18)，および式 (1.19) の関係式を用いて，手先加速度 $\ddot{r}$ と手先力 $F$ の関係（動力学）が次式で表されることを示せ.

$$M\ddot{r} = F \tag{1.20}$$

ただし，$M$ は式 (1.21) で表される量であり，質量の次元をもつものである。

$$M = \frac{I}{L^2} \tag{1.21}$$

---

**【解答】**　式 (1.16) から導かれる $\ddot{\theta}(=\ddot{r}/L)$ と式 (1.18) の $\tau$ をそれぞれ，式 (1.19) の $\ddot{\theta}$ と $\tau$ に代入し，式 (1.21) の関係式を適用すればよい。　◇

# 2 手先位置の表現と座標変換

## 2.1　手先の位置と姿勢の表現

マニピュレータの手先の位置と姿勢を正確に表したい場合には，**図 2.1** に示すようにロボットが固定されている台座と手先のそれぞれに座標系を定義し，それらの間の位置と姿勢の関係を記述すればよい。ここではそのための方法を説明する。

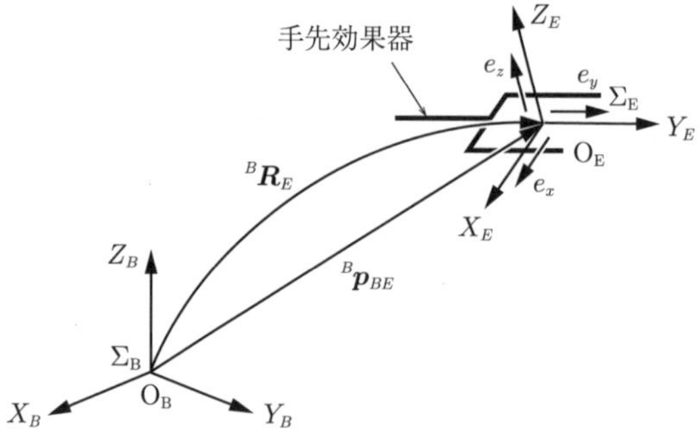


**図 2.1**　基準座標系と手先座標系

図 2.1 中の座標系を

$\Sigma_{\mathrm{B}}$：**基準座標系**（base coordinates）（$\mathrm{O_B}$–$X_B Y_B Z_B$，台座に固定）

$\Sigma_{\mathrm{E}}$：**手先座標系**（endpoint coordinates）（$\mathrm{O_E}$–$X_E Y_E Z_E$，手先に固定）

と呼ぶことにすると，手先の位置と姿勢はそれぞれ

$^B\boldsymbol{p}_{BE} \in \boldsymbol{R}^3$ ：$\mathrm{O_B}$ から $\mathrm{O_E}$ へ向かう位置ベクトル

$^B\boldsymbol{R}_E \in \boldsymbol{R}^{3\times 3}$ ：$\Sigma_\mathrm{B}$ から見た $\Sigma_\mathrm{E}$ の姿勢を表す姿勢変換行列

により表現できる。ここで，左肩の添字は記述している座標系を表し，以下でも同様とする。また，$\boldsymbol{v} \in \boldsymbol{R}^i$ はベクトル $\boldsymbol{v}$ が $i$ 個の成分をもつ列ベクトル，$\boldsymbol{M} \in \boldsymbol{R}^{i\times j}$ は行列 $\boldsymbol{M}$ が $i$ 行 $j$ 列の行列であることを表す（特に $j=1$ の場合は列ベクトルを表す）。また，$^B\boldsymbol{R}_E$ は，$\Sigma_\mathrm{E}$ の各軸方向を向く単位ベクトルを $\Sigma_\mathrm{B}$ で記述した $^B\boldsymbol{e}_x, {}^B\boldsymbol{e}_y$，および $^B\boldsymbol{e}_z$ を用いて

$$^B\boldsymbol{R}_E = \begin{bmatrix} ^B\boldsymbol{e}_x & ^B\boldsymbol{e}_y & ^B\boldsymbol{e}_z \end{bmatrix} \tag{2.1}$$

と表すことができる。式 (2.1) の導出は 2.2.1 項で示す。

## 2.2 座　標　変　換

### 2.2.1 姿　勢　変　換

ここでは，姿勢の変換だけを対象として，二次元座標系間の位置ベクトルの変換を考える。

**図 2.2** に，点 P の位置ベクトル $\boldsymbol{p}$ と，同一の原点をもつ二つの座標系 $\Sigma_\mathrm{B}$ ($\mathrm{O_B}$–$X_BY_B$) と $\Sigma_\mathrm{E}$ ($\mathrm{O_E}$–$X_EY_E$) を示す。位置ベクトル $\boldsymbol{p}$ を二つの座標系で表したときの成分を，図に示すように

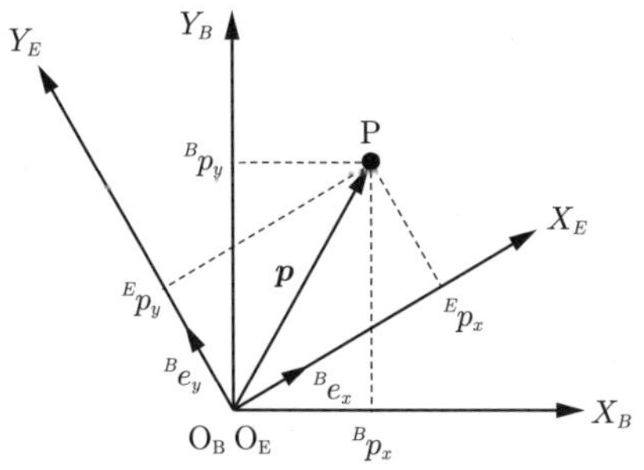


**図 2.2**　二つの座標系と位置ベクトルの成分

$$
{}^{B}\boldsymbol{p} = \begin{bmatrix} {}^{B}p_x \\ {}^{B}p_y \end{bmatrix}
$$

$$
{}^{E}\boldsymbol{p} = \begin{bmatrix} {}^{E}p_x \\ {}^{E}p_y \end{bmatrix}
$$

とし，${}^{B}\boldsymbol{p}$ から ${}^{E}\boldsymbol{p}$ への変換を明らかにしよう。

いま，図 2.2 における ${}^{B}\boldsymbol{e}_x$ と ${}^{B}\boldsymbol{e}_y$ が既知であれば，ベクトルの内積を考えることにより

$$
{}^{E}p_x = {}^{B}\boldsymbol{e}_x^{\mathrm{T}}\,{}^{B}\boldsymbol{p} \tag{2.2}
$$

$$
{}^{E}p_y = {}^{B}\boldsymbol{e}_y^{\mathrm{T}}\,{}^{B}\boldsymbol{p} \tag{2.3}
$$

の関係が成り立つ。ここで，右肩の添字 T は転置を表す。式 (2.2), (2.3) は，左辺と右辺をそれぞれあわせて次式で表すことができる。

$$
{}^{E}\boldsymbol{p} = {}^{E}\boldsymbol{R}_B\,{}^{B}\boldsymbol{p} \tag{2.4}
$$

ここで

$$
{}^{E}\boldsymbol{R}_B = \begin{bmatrix} {}^{B}\boldsymbol{e}_x^{\mathrm{T}} \\ {}^{B}\boldsymbol{e}_y^{\mathrm{T}} \end{bmatrix} \tag{2.5}
$$

は，$\Sigma_{\mathrm{B}}$ から $\Sigma_{\mathrm{E}}$ への位置ベクトルの姿勢変換を行う行列で，**姿勢変換行列**（orientation transformation matrix），あるいは**回転行列**（rotation matrix）と呼ばれる。

この姿勢変換行列が直交行列（$\boldsymbol{M}^{-1} = \boldsymbol{M}^{\mathrm{T}}$ の性質をもつ行列）であることを以下に示そう。まず，${}^{B}\boldsymbol{e}_x, {}^{B}\boldsymbol{e}_y$ の性質により

$$
\begin{aligned}
{}^{E}\boldsymbol{R}_B\,({}^{E}\boldsymbol{R}_B)^{\mathrm{T}} &= \begin{bmatrix} {}^{B}\boldsymbol{e}_x^{\mathrm{T}} \\ {}^{B}\boldsymbol{e}_y^{\mathrm{T}} \end{bmatrix} \begin{bmatrix} {}^{B}\boldsymbol{e}_x & {}^{B}\boldsymbol{e}_y \end{bmatrix} \\
&= \begin{bmatrix} {}^{B}\boldsymbol{e}_x^{\mathrm{T}}\,{}^{B}\boldsymbol{e}_x & {}^{B}\boldsymbol{e}_x^{\mathrm{T}}\,{}^{B}\boldsymbol{e}_y \\ {}^{B}\boldsymbol{e}_y^{\mathrm{T}}\,{}^{B}\boldsymbol{e}_x & {}^{B}\boldsymbol{e}_y^{\mathrm{T}}\,{}^{B}\boldsymbol{e}_y \end{bmatrix}
\end{aligned}
$$

$$= \begin{bmatrix} 1 & 0 \\ 0 & 1 \end{bmatrix} \quad \text{(単位行列)}$$

であることがわかるので

$$\left({}^{E}\boldsymbol{R}_{B}\right)^{-1} = \left({}^{E}\boldsymbol{R}_{B}\right)^{\mathrm{T}} \tag{2.6}$$

が成立する。よって，式 (2.4), (2.6) より

$${}^{B}\boldsymbol{p} = \left({}^{E}\boldsymbol{R}_{B}\right)^{-1}{}^{E}\boldsymbol{p} = \left({}^{E}\boldsymbol{R}_{B}\right)^{\mathrm{T}}{}^{E}\boldsymbol{p} \tag{2.7}$$

を得る。ここで，位置ベクトルを $\Sigma_{\mathrm{E}}$ から $\Sigma_{\mathrm{B}}$ へ変換する姿勢変換行列 ${}^{B}\boldsymbol{R}_{E}$ を

$${}^{B}\boldsymbol{p} = {}^{B}\boldsymbol{R}_{E}{}^{E}\boldsymbol{p} \tag{2.8}$$

として定義すると，式 (2.5) と式 (2.7)，および式 (2.8) より次式が成立する。

$${}^{B}\boldsymbol{R}_{E} = \left({}^{E}\boldsymbol{R}_{B}\right)^{\mathrm{T}} = \left[\,{}^{B}\boldsymbol{e}_{x} \;\; {}^{B}\boldsymbol{e}_{y}\,\right] \tag{2.9}$$

三次元空間を対象とする場合にも，上述の議論が成立することは容易に確認できる。よって，式 (2.1) の ${}^{B}\boldsymbol{R}_{E}$ が，位置ベクトルを $\Sigma_{\mathrm{E}}$ から $\Sigma_{\mathrm{B}}$ へ変換する姿勢変換行列であることがわかる。

### 2.2.2 同 次 変 換

2.2.1 項の結果をふまえて，ここでは図 **2.3** における ${}^{E}\boldsymbol{p}_{EP}$ を ${}^{B}\boldsymbol{p}_{BP}$ に変換することを考えよう。

この変換は，ロボットの手先から見た点 P の位置を，台座に固定した基準座標系で表現することを意味する。この場合は，ベクトルの始点が異なるため，姿勢だけでなく位置も変換する必要がある。

二つの座標系の位置と姿勢の関係が ${}^{B}\boldsymbol{p}_{BE}$ と ${}^{B}\boldsymbol{R}_{E}\,(=\left[\,{}^{B}\boldsymbol{e}_{x} \;\; {}^{B}\boldsymbol{e}_{y}\,\right])$ で与えられているとき，次式の関係が成り立つ。

$${}^{B}\boldsymbol{p}_{BP} = {}^{B}\boldsymbol{R}_{E}{}^{E}\boldsymbol{p}_{EP} + {}^{B}\boldsymbol{p}_{BE} \tag{2.10}$$

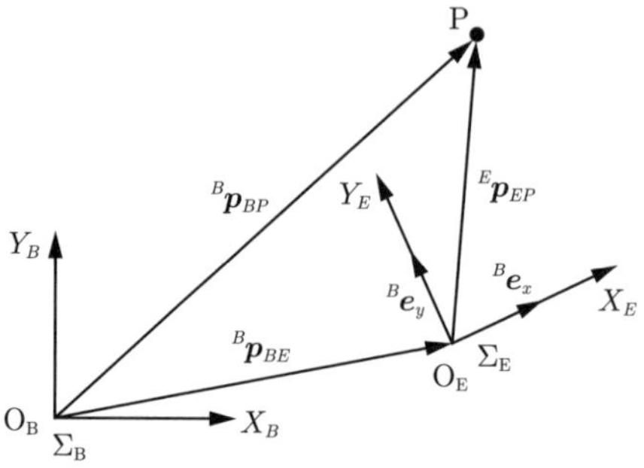


**図 2.3**　位置と姿勢の変換

式 (2.10) の関係は，次式で表すこともできる。

$$\begin{bmatrix} {}^{B}\boldsymbol{p}_{BP} \\ 1 \end{bmatrix} = {}^{B}\boldsymbol{T}_{E} \begin{bmatrix} {}^{E}\boldsymbol{p}_{EP} \\ 1 \end{bmatrix} \tag{2.11}$$

ただし

$${}^{B}\boldsymbol{T}_{E} = \begin{bmatrix} {}^{B}\boldsymbol{R}_{E} & {}^{B}\boldsymbol{p}_{BE} \\ \boldsymbol{0}^{\mathrm{T}} & 1 \end{bmatrix} \in \boldsymbol{R}^{3\times 3} \tag{2.12}$$

であり，$\boldsymbol{0} \in \boldsymbol{R}^2$ は成分がすべて 0 のゼロベクトルである。式 (2.11) の変換を**同次変換**（homogeneous transform）と呼び，式 (2.12) の行列を**同次変換行列**（homogeneous transformation matrix）と呼ぶ。この同次変換は，${}^{B}\boldsymbol{T}_{E}$ をかけるだけで位置と姿勢の変換が行えるという利点をもつ。なお，三次元空間における変換を対象とした一般の場合も同じ形式で表すことができるが，姿勢変換行列が 3 行 3 列，位置ベクトルが 3 行 1 列となるので，この場合の同次変換行列は 4 行 4 列となる。

### 2.2.3　ロール・ピッチ・ヨー角

三次元空間で動作するロボットの手先姿勢を表す姿勢変換行列 (回転行列) は，三つの姿勢角の関数として表すことができる。ここでは，このような場合にロボティクス分野でよく用いられる**ロール・ピッチ・ヨー角** (roll, pitch, and yaw angles) について説明する。

ロール・ピッチ・ヨー角は，**図 2.4** に示すように三つの連続した姿勢変換における回転角度の組 $(\phi,\ \theta,\ \psi)$ のことである。そして，それぞれの姿勢変換の回転軸と三つの姿勢変換の順序は，以下のように定められている。

(1)　まず，姿勢変換前の座標系 $\Sigma_A(\mathrm{O_A} - X_AY_AZ_A)$ を，$Z_A$ 軸まわりに角度 $\phi$ だけ回転させたものを座標系 $\Sigma_{A'}(\mathrm{O_{A'}} - X_{A'}Y_{A'}Z_{A'})$ とする。

(2)　つぎに，(1) の姿勢変換後の座標系 $\Sigma_{A'}$ を，$Y_{A'}$ 軸まわりに角度 $\theta$ だけ回転させたものを座標系 $\Sigma_{A''}(\mathrm{O_{A''}} - X_{A''}Y_{A''}Z_{A''})$ とする。

(3)　そして，(2) の姿勢変換後の座標系 $\Sigma_{A''}$ を，$X_{A''}$ 軸まわりに角度 $\psi$ だけ回転させたものを座標系 $\Sigma_B(\mathrm{O_B} - X_BY_BZ_B)$ とする。

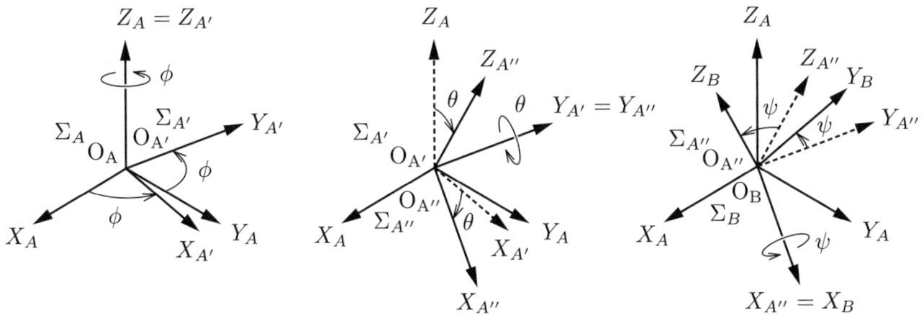


(1)　ロール角 $\phi$　　(2)　ピッチ角 $\theta$　　(3)　ヨー角 $\psi$

**図 2.4**　ロール・ピッチ・ヨー角 $(\phi,\ \theta,\ \psi)$

(1) から (3) の各姿勢変換行列を ${}^A\boldsymbol{R}_{A'}$，${}^{A'}\boldsymbol{R}_{A''}$，および ${}^{A''}\boldsymbol{R}_B$ と表すことにすると，ロール・ピッチ・ヨー角による姿勢変換行列 ${}^A\boldsymbol{R}_B$ は，式 (2.13) で表されるものとなる。

$$
{}^A\boldsymbol{R}_B = {}^A\boldsymbol{R}_{A'}\,{}^{A'}\boldsymbol{R}_{A''}\,{}^{A''}\boldsymbol{R}_B \tag{2.13}
$$

つぎに，この式 (2.13) の ${}^A\boldsymbol{R}_{A'}$，${}^{A'}\boldsymbol{R}_{A''}$，および ${}^{A''}\boldsymbol{R}_B$ を求めよう。

${}^A\boldsymbol{R}_{A'}$ は，(1) で述べたように，$Z_A$ 軸まわりに角度 $\phi$ だけ回転させたものであり，図 2.2 の幾何学的考察により，式 (2.14) で与えられることがわかる。

$$ {}^{A}\boldsymbol{R}_{A'} = \boldsymbol{R}(Z_A, \phi) = \begin{bmatrix} C_\phi & -S_\phi & 0 \\ S_\phi & C_\phi & 0 \\ 0 & 0 & 1 \end{bmatrix} \tag{2.14} $$

ここで，$\boldsymbol{R}(Z_A, \phi)$ は $Z_A$ 軸まわりに $\phi$ だけ回転する姿勢変換，$S_\phi$ と $C_\phi$ はそれぞれ，$S_\phi = \sin\phi$ と $C_\phi = \cos\phi$ という略記であり，以下の $\theta$ と $\psi$ についても同様な略記を用いる。

${}^{A'}\boldsymbol{R}_{A''}$，${}^{A''}\boldsymbol{R}_B$ も同様にして，式 (2.15) と式 (2.16) で与えられる。

$$ {}^{A'}\boldsymbol{R}_{A''} = \boldsymbol{R}(Y_{A'}, \theta) = \begin{bmatrix} C_\theta & 0 & S_\theta \\ 0 & 1 & 0 \\ -S_\theta & 0 & C_\theta \end{bmatrix} \tag{2.15} $$

$$ {}^{A''}\boldsymbol{R}_B = \boldsymbol{R}(X_{A''}, \psi) = \begin{bmatrix} 1 & 0 & 0 \\ 0 & C_\psi & -S_\psi \\ 0 & S_\psi & C_\psi \end{bmatrix} \tag{2.16} $$

式 (2.14)，式 (2.15)，および式 (2.16) を式 (2.13) に代入すると，式 (2.17) に示す三つの連続した姿勢変換を行うことになる。その結果，式 (2.18) に示されるロール・ピッチ・ヨー角の関数として，姿勢変換行列 ${}^{A}\boldsymbol{R}_B$ を得ることができる。

$$ {}^{A}\boldsymbol{R}_B = \boldsymbol{R}(Z_A, \phi)\boldsymbol{R}(Y_{A'}, \theta)\boldsymbol{R}(X_{A''}, \psi) \tag{2.17} $$

$$ = \begin{bmatrix} C_\phi C_\theta & C_\phi S_\theta S_\psi - S_\phi C_\psi & C_\phi S_\theta C_\psi + S_\phi S_\psi \\ S_\phi S_\theta & S_\phi S_\theta S_\psi + C_\phi C_\psi & S_\phi S_\theta C_\psi - C_\phi S_\psi \\ -S_\theta & C_\theta S_\psi & C_\theta C_\psi \end{bmatrix} \tag{2.18} $$

また，ロボットの手先姿勢を扱う同様な方法には**オイラー角** (Euler angles) もあり，基本的な考え方はロール・ピッチ・ヨー角と同じである。ただし，三つの回転軸のとり方と姿勢変換の順序が少し異なっている。

# 3 運動学における位置の関係式

## 3.1 順運動学と逆運動学の例

### 3.1.1 並進 2DOF マニピュレータ

**図 3.1** に，並進 2DOF マニピュレータと運動学に必要な諸量を示す。$d_i$ $(i = 1, 2)$ は並進関節の関節変数，$x$ と $y$ はマニピュレータの手先位置の $X$ 座標と $Y$ 座標である。また，$\alpha\,(\neq 0)$ は，$X$ 軸の正方向から反時計回りに見たときの第 2 リンクの向きを表す定数である。

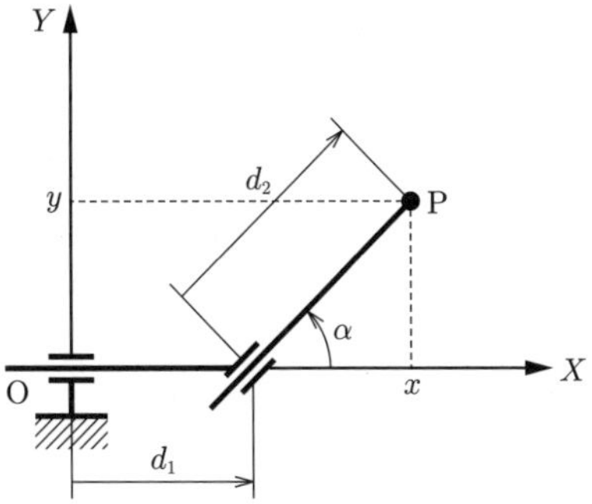


**図 3.1**　並進 2DOF マニピュレータと運動学に必要な諸量

このマニピュレータの順運動学は，$\boldsymbol{r} = [x\ \ y]^{\mathrm{T}}$，$\boldsymbol{\theta} = [d_1\ d_2]^{\mathrm{T}}$ とすると次式で表される。

$$\boldsymbol{r} = \begin{bmatrix} x \\ y \end{bmatrix} = \begin{bmatrix} d_1 + d_2 C_\alpha \\ d_2 S_\alpha \end{bmatrix} \tag{3.1}$$

ただし，$C_\alpha = \cos\alpha$，$S_\alpha = \sin\alpha$ である。

また，このマニピュレータの逆運動学は式 (3.1) より次式となる。

$$d_2 = \frac{y}{S_\alpha} \tag{3.2}$$

$$d_1 = x - d_2 C_\alpha = x - \frac{y}{\tan\alpha} \tag{3.3}$$

### 3.1.2　2DOF マニピュレータ（回転＋並進）

**図 3.2** に必要な諸量を記入した 2DOF マニピュレータを示す。ここで，$\theta_1$ と $\dot{\theta}_1$ は第 1 関節の関節角と関節角速度，$d_2$ と $\dot{d}_2$ は第 2 関節の関節位置と関節速度である。このマニピュレータの関節変数と手先位置の関係は以下の式で表される。

$$\boldsymbol{r} = \begin{bmatrix} x \\ y \end{bmatrix} = \begin{bmatrix} d_2 C_1 \\ d_2 S_1 \end{bmatrix} \tag{3.4}$$

ただし，$C_1 = \cos\theta_1$，$S_1 = \sin\theta_1$ である。

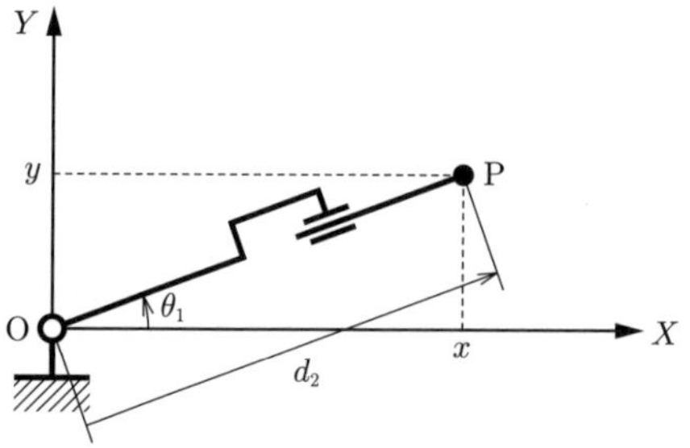


図 **3.2**　2DOF マニピュレータ（回転＋並進）と運動学に必要な諸量

また，このマニピュレータの逆運動学は式 (3.4) より

$$\theta_1 = \mathrm{atan2}\,(\,y,\, x\,) \tag{3.5}$$

$$d_2 = \sqrt{x^2 + y^2} \tag{3.6}$$

となる。なお，式 (1.9) などでも用いた関数 atan2$(\,y,\, x\,)$ については，付録を参照されたい。

## 3.2 順　運　動　学

### 3.2.1 2DOF マニピュレータの順運動学

1.2 節の 2DOF マニピュレータについての同次変換行列を，図 **3.3** に示す座標系を利用して求めてみよう。

まず，図に示すようにリンクごとにリンク座標系 $\Sigma_1, \Sigma_2$（3.4 節ではあらためて，DH 記法にもとづくリンク座標系として導入する）を定義し，点 P に向かう位置ベクトルの隣りあう座標系間の関係について，同次変換行列を用いて次式のように表しておく。

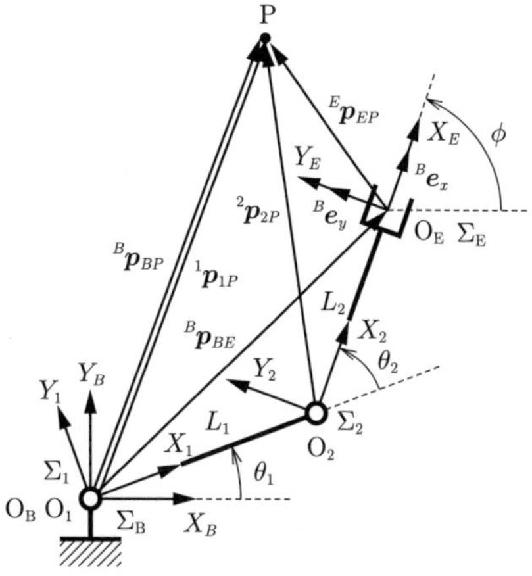


図 **3.3** 同次変換行列の算出

$$
\left\{
\begin{aligned}
&\begin{bmatrix} {}^B\boldsymbol{p}_{BP} \\ 1 \end{bmatrix} = {}^B\boldsymbol{T}_1 \begin{bmatrix} {}^1\boldsymbol{p}_{1P} \\ 1 \end{bmatrix} \\
&{}^B\boldsymbol{T}_1 = \begin{bmatrix} {}^B\boldsymbol{R}_1 & {}^B\boldsymbol{p}_{B1} \\ \boldsymbol{0}^\mathrm{T} & 1 \end{bmatrix}
\end{aligned}
\right.
\tag{3.7}
$$

$$
\left\{
\begin{aligned}
&\begin{bmatrix} {}^1\boldsymbol{p}_{1P} \\ 1 \end{bmatrix} = {}^1\boldsymbol{T}_2 \begin{bmatrix} {}^2\boldsymbol{p}_{2P} \\ 1 \end{bmatrix} \\
&{}^1\boldsymbol{T}_2 = \begin{bmatrix} {}^1\boldsymbol{R}_2 & {}^1\boldsymbol{p}_{12} \\ \boldsymbol{0}^\mathrm{T} & 1 \end{bmatrix}
\end{aligned}
\right.
\tag{3.8}
$$

$$\begin{cases} \begin{bmatrix} {}^{2}\boldsymbol{p}_{2P} \\ 1 \end{bmatrix} = {}^{2}\boldsymbol{T}_{E} \begin{bmatrix} {}^{E}\boldsymbol{p}_{EP} \\ 1 \end{bmatrix} \\ {}^{2}\boldsymbol{T}_{E} = \begin{bmatrix} {}^{2}\boldsymbol{R}_{E} & {}^{2}\boldsymbol{p}_{2E} \\ \boldsymbol{0}^{\mathrm{T}} & 1 \end{bmatrix} \end{cases} \tag{3.9}$$

一方，点 P に向かう位置ベクトルを $\Sigma_{\mathrm{B}}$ と $\Sigma_{\mathrm{E}}$ で表したものの間には，つぎの関係が成り立つ。

$$\begin{cases} \begin{bmatrix} {}^{B}\boldsymbol{p}_{BP} \\ 1 \end{bmatrix} = {}^{B}\boldsymbol{T}_{E} \begin{bmatrix} {}^{E}\boldsymbol{p}_{EP} \\ 1 \end{bmatrix} \\ {}^{B}\boldsymbol{T}_{E} = \begin{bmatrix} {}^{B}\boldsymbol{R}_{E} & {}^{B}\boldsymbol{p}_{BE} \\ \boldsymbol{0}^{\mathrm{T}} & 1 \end{bmatrix} \end{cases} \tag{3.10}$$

よって，式 (3.7)～(3.9) と式 (3.10) を比較し

$${}^{B}\boldsymbol{T}_{E} = {}^{B}\boldsymbol{T}_{1}\,{}^{1}\boldsymbol{T}_{2}\,{}^{2}\boldsymbol{T}_{E} \tag{3.11}$$

の関係式を得る。式 (3.11) の左辺は手先位置と姿勢により表され，右辺は関節変数により表されるので，式 (3.11) はマニピュレータの順運動学を表す式となる。よって，式 (1.1) と式 (1.2) の組や式 (1.3) だけでなく，式 (3.11) も運動学方程式と呼ぶ。なお，${}^{B}\boldsymbol{T}_{1}$ と ${}^{1}\boldsymbol{T}_{2}$ はそれぞれ，$\theta_1$ と $\theta_2$ の関数となる行列，また，${}^{2}\boldsymbol{T}_{E}$ は定係数行列であることに注意されたい。

式 (3.11) の関係を具体的に求める場合の手順は，以下の通りである。

(1) 関節構造に着目してリンク座標系 $\Sigma_1, \Sigma_2$ を定義する。そして，リンク長さ $L_i$（$i = 1, 2$，以下同じ）と関節変数 $\theta_i$ を用いて，隣りあう座標系ごとの位置と姿勢の関係を求める。

(2) 隣りあう座標系ごとの同次変換行列を求める。

(3) 式 (3.11) を用いて ${}^{B}\boldsymbol{T}_{E}$ を求める。

手順 (1) のリンク間の位置と姿勢は，図 3.3 に示すように，$\Sigma_1, \Sigma_2$ を定義すると

$$\begin{cases} {}^B\boldsymbol{p}_1 = \begin{bmatrix} 0 \\ 0 \end{bmatrix} \\ {}^B\boldsymbol{R}_1 = \begin{bmatrix} C_1 & -S_1 \\ S_1 & C_1 \end{bmatrix} \end{cases} \tag{3.12}$$

$$\begin{cases} {}^1\boldsymbol{p}_{12} = \begin{bmatrix} L_1 \\ 0 \end{bmatrix} \\ {}^1\boldsymbol{R}_2 = \begin{bmatrix} C_2 & -S_2 \\ S_2 & C_2 \end{bmatrix} \end{cases} \tag{3.13}$$

$$\begin{cases} {}^2\boldsymbol{p}_{2E} = \begin{bmatrix} L_2 \\ 0 \end{bmatrix} \\ {}^2\boldsymbol{R}_E = \begin{bmatrix} 1 & 0 \\ 0 & 1 \end{bmatrix} \end{cases} \tag{3.14}$$

となる。ただし，$C_i$, $S_i$ はそれぞれ $\cos\theta_i$, $\sin\theta_i$ を表す。

手順 (2) のリンク間の同次変換行列は，式 (3.7)～(3.9) に式 (3.12)～(3.14) を代入してつぎのように得られる。

$${}^B\boldsymbol{T}_1 = \begin{bmatrix} C_1 & -S_1 & 0 \\ S_1 & C_1 & 0 \\ 0 & 0 & 1 \end{bmatrix} \tag{3.15}$$

$${}^1\boldsymbol{T}_2 = \begin{bmatrix} C_2 & -S_2 & L_1 \\ S_2 & C_2 & 0 \\ 0 & 0 & 1 \end{bmatrix} \tag{3.16}$$

$${}^2\boldsymbol{T}_E = \begin{bmatrix} 1 & 0 & L_2 \\ 0 & 1 & 0 \\ 0 & 0 & 1 \end{bmatrix} \tag{3.17}$$

手順 (3) の $^B\boldsymbol{T}_E$ を求めるには，式 (3.11) に式 (3.15)〜(3.17) を代入すればよい。この結果

$$
\begin{aligned}
{}^B\boldsymbol{T}_E &= \begin{bmatrix} C_1 & -S_1 & 0 \\ S_1 & C_1 & 0 \\ 0 & 0 & 1 \end{bmatrix} \begin{bmatrix} C_2 & -S_2 & L_1 \\ S_2 & C_2 & 0 \\ 0 & 0 & 1 \end{bmatrix} \begin{bmatrix} 1 & 0 & L_2 \\ 0 & 1 & 0 \\ 0 & 0 & 1 \end{bmatrix} \\
&= \begin{bmatrix} C_1C_2 - S_1S_2 & -C_1S_2 - S_1C_2 & L_2(C_1C_2 - S_1S_2) + L_1C_1 \\ S_1C_2 + C_1S_2 & -S_1S_2 + C_1C_2 & L_2(S_1C_2 + C_1S_2) + L_1S_1 \\ 0 & 0 & 1 \end{bmatrix} \\
&= \begin{bmatrix} C_{12} & -S_{12} & L_1C_1 + L_2C_{12} \\ S_{12} & C_{12} & L_1S_1 + L_2S_{12} \\ 0 & 0 & 1 \end{bmatrix}
\end{aligned}
\tag{3.18}
$$

を得る。ただし，$C_{12} = \cos(\theta_1 + \theta_2)$，$S_{12} = \sin(\theta_1 + \theta_2)$ である。

式 (3.18) の結果が正しいことは，式 (3.18) 中の $^B\boldsymbol{p}_{BE}$ に対応する部分が式 (1.1), (1.2) の組と一致していること，ならびに $^B\boldsymbol{R}_E$ に対応する部分が図中の手先姿勢と関節変数の関係 $\phi = \theta_1 + \theta_2$ と一致することから確認できる。

上述の手順は一般のマニピュレータに対して行う手順と同じである。ただし，一般の場合は，手順 (1) において，リンク長さと関節角のほかに，リンク間の関節軸方向の距離，および関節軸間のねじれ角をあわせた四つの**リンクパラメータ**（link parameter）を用いて隣りあうリンク座標系間の関係を表す。リンクパラメータは **DH パラメータ**（DH parameter）とも呼ぶ。この関係を表す記法を **DH 記法**（Denavit-Hartenberg notation）[9] という。この記法については 3.4 節で述べる。

---

**例題 3.1**　図 3.3 の 2DOF マニピュレータの手先から見た点 P の位置が $^E\boldsymbol{p}_{EP} = [\,0.2\,[\mathrm{m}]\ 0.2\,[\mathrm{m}]\,]^{\mathrm{T}}$ で与えられるとき，3.2.1 項の同次変換行列を用いて $^B\boldsymbol{p}_{BP}$ を求めよ。ただし，$L_1 = L_2 = 0.2\,[\mathrm{m}]$，　$\theta_1 = \theta_2 = \pi/6\,[\mathrm{rad}]$

とする。

---

**【解答】** 式 (3.10) の同次変換行列が得られているので，値を代入すればよい。これより

$$
\begin{aligned}
\begin{bmatrix} {}^{B}\boldsymbol{p}_{BP} \\ 1 \end{bmatrix} &= {}^{B}\boldsymbol{T}_{E} \begin{bmatrix} {}^{E}\boldsymbol{p}_{EP} \\ 1 \end{bmatrix} \\
&= \begin{bmatrix} \frac{1}{2} & -\frac{\sqrt{3}}{2} & 0.1 + 0.1 \times \sqrt{3} \\ \frac{\sqrt{3}}{2} & \frac{1}{2} & 0.1 \times \sqrt{3} + 0.1 \\ 0 & 0 & 1 \end{bmatrix} \begin{bmatrix} 0.2 \\ 0.2 \\ 1 \end{bmatrix} \\
&= \begin{bmatrix} 0.2 \\ 0.2\,(1 + \sqrt{3}) \\ 1 \end{bmatrix}
\end{aligned}
\tag{3.19}
$$

となるので，${}^{B}\boldsymbol{p}_{BP} = \left[0.2\,[\mathrm{m}] \;\; 0.2\left(1 + \sqrt{3}\right)[\mathrm{m}]\right]^{\mathrm{T}}$ を得る。　◇

### 3.2.2　3DOF マニピュレータの順運動学

**図 3.4** に示す，平面内で動作する 3DOF マニピュレータの順運動学を求めてみよう。同次変換行列は，3.2.1 項と同様の手順で式 (3.20)～(3.23) のように求められる。

$$
{}^{B}\boldsymbol{T}_{1} = \begin{bmatrix} C_1 & -S_1 & 0 \\ S_1 & C_1 & 0 \\ 0 & 0 & 1 \end{bmatrix} \tag{3.20}
$$

$$
{}^{1}\boldsymbol{T}_{2} = \begin{bmatrix} C_2 & -S_2 & L_1 \\ S_2 & C_2 & 0 \\ 0 & 0 & 1 \end{bmatrix} \tag{3.21}
$$

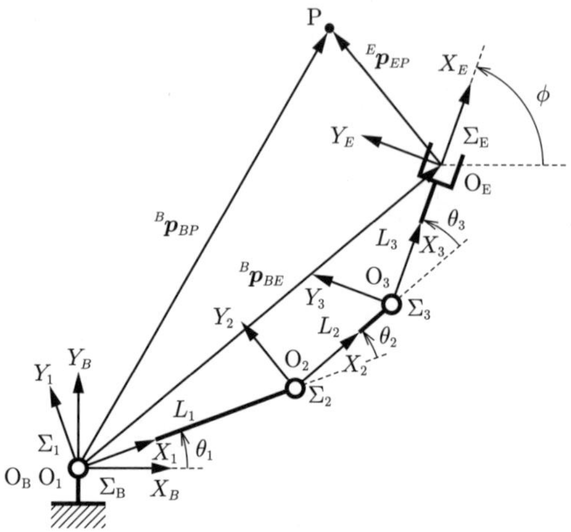


図 **3.4**　3DOF 平面マニピュレータ

$$
{}^2\boldsymbol{T}_3 = \begin{bmatrix} C_3 & -S_3 & L_2 \\ S_3 & C_3 & 0 \\ 0 & 0 & 1 \end{bmatrix} \tag{3.22}
$$

$$
{}^3\boldsymbol{T}_E = \begin{bmatrix} 1 & 0 & L_3 \\ 0 & 1 & 0 \\ 0 & 0 & 1 \end{bmatrix} \tag{3.23}
$$

したがって，式 (3.20)〜(3.23) より

$$
{}^B\boldsymbol{T}_E = {}^B\boldsymbol{T}_1 {}^1\boldsymbol{T}_2 {}^2\boldsymbol{T}_3 {}^3\boldsymbol{T}_E \tag{3.24}
$$

を得る。ここで，式 (3.24) の左辺は手先位置と姿勢により

$$
{}^B\boldsymbol{T}_E = \begin{bmatrix} {}^B\boldsymbol{R}_E & {}^B\boldsymbol{p}_{BE} \\ \boldsymbol{0}^{\mathrm{T}} & 1 \end{bmatrix} = \begin{bmatrix} C_\phi & -S_\phi & {}^Bp_{BEx} \\ S_\phi & C_\phi & {}^Bp_{BEy} \\ 0 & 0 & 1 \end{bmatrix} \tag{3.25}
$$

と表される。ただし，${}^Bp_{BEx}$ と ${}^Bp_{BEy}$ はそれぞれ ${}^B\boldsymbol{p}_{BE}$ の $x$ 成分と $y$ 成分を

表す。一方，式 (3.24) の右辺は関節変数により

$$
{}^{B}\boldsymbol{T}_1\,{}^{1}\boldsymbol{T}_2\,{}^{2}\boldsymbol{T}_3\,{}^{3}\boldsymbol{T}_E = \begin{bmatrix} C_{123} & -S_{123} & L_1C_1 + L_2C_{12} + L_3C_{123} \\ S_{123} & C_{123} & L_1S_1 + L_2S_{12} + L_3S_{123} \\ 0 & 0 & 1 \end{bmatrix} \tag{3.26}
$$

と表される。

式 (3.24)〜(3.26) より，手先位置 ${}^{B}\boldsymbol{p}_{BE}$ は

$$
{}^{B}\boldsymbol{p}_{BE} = \begin{bmatrix} {}^{B}p_{BEx} \\ {}^{B}p_{BEy} \end{bmatrix} = \begin{bmatrix} L_1C_1 + L_2C_{12} + L_3C_{123} \\ L_1S_1 + L_2S_{12} + L_3S_{123} \end{bmatrix} \tag{3.27}
$$

となる。また

$$
{}^{B}\boldsymbol{R}_E = \begin{bmatrix} C_\phi & -S_\phi \\ S_\phi & C_\phi \end{bmatrix} = \begin{bmatrix} C_{123} & -S_{123} \\ S_{123} & C_{123} \end{bmatrix} \tag{3.28}
$$

より，手先姿勢 $\phi$ は

$$
\phi = \theta_1 + \theta_2 + \theta_3 \tag{3.29}
$$

となる。

## 3.3 逆 運 動 学

2DOF マニピュレータの逆運動学については 1.2.1 項で述べたが，ここでは，3.2.2 項で示した 3DOF マニピュレータを例として取り上げ，一般的な逆運動学の解法手順を考慮しながら，逆運動学を解いてみよう。

まず，手先位置 ${}^{B}\boldsymbol{p}_{BE} = [\,p_x\ p_y\,]^{\mathrm{T}}$ および手先姿勢 $\phi$ を用いて手先位置 $\boldsymbol{r}$ をつぎのように定義する。

$$
\boldsymbol{r} = \begin{bmatrix} {}^{B}\boldsymbol{p}_{BE} \\ \phi \end{bmatrix} \tag{3.30}
$$

この場合の逆運動学は，この手先位置 $\boldsymbol{r}$ が与えられたときにロボットの三つの関節角 $\theta_i\,(i=1,2,3)$ を求めることである。

しかしながら，式 (3.24) をそのまま解くことは難しい。そこで**図 3.5** に示すように，手先より一つ前の関節を特徴点 W として注目し，式 (3.24) の両辺に $({}^{3}\boldsymbol{T}_E)^{-1}$ を右からかけてつぎのように変形する。

$$
{}^{B}\boldsymbol{T}_E\,({}^{3}\boldsymbol{T}_E)^{-1} = {}^{B}\boldsymbol{T}_3 \tag{3.31}
$$

式 (3.31) の両辺は，図に示すように，W に至る二つの経路に対する同次変換行列を示している。

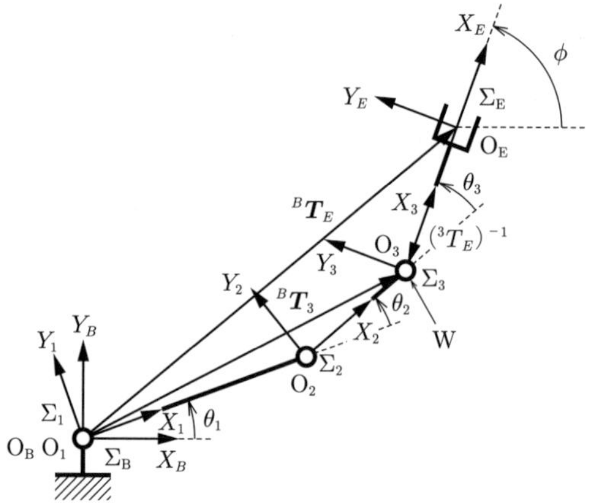


**図 3.5**　$\Sigma_B$ から $\Sigma_3$ への同次変換

ここで，同次変換行列の逆行列は

$$
({}^{A}\boldsymbol{T}_B)^{-1} = \begin{bmatrix} {}^{A}\boldsymbol{R}_B^{\mathrm{T}} & -{}^{A}\boldsymbol{R}_B^{\mathrm{T}}\,{}^{A}\boldsymbol{p}_B \\ \boldsymbol{0}^{\mathrm{T}} & 1 \end{bmatrix} \tag{3.32}
$$

により得られるので，この式 (3.32) に注意して式 (3.31) を整理すると次式が得られる。

$$\begin{bmatrix} C_\phi & -S_\phi & p_x - L_3C_\phi \\ S_\phi & C_\phi & p_y - L_3S_\phi \\ 0 & 0 & 1 \end{bmatrix} = \begin{bmatrix} C_{123} & -S_{123} & L_1C_1 + L_2C_{12} \\ S_{123} & C_{123} & L_1S_1 + L_2S_{12} \\ 0 & 0 & 1 \end{bmatrix} \tag{3.33}$$

ここで，式 (3.33) の両辺の位置ベクトル（第 3 列成分）を比較し，つぎの関係式を得る。

$$p_x - L_3C_\phi = L_1C_1 + L_2C_{12} \tag{3.34}$$

$$p_y - L_3S_\phi = L_1S_1 + L_2S_{12} \tag{3.35}$$

式 (3.34), (3.35) は，関節変数を $\theta_1,\theta_2$ とし，手先位置を，$\mathrm{O_B}$ から W へ向かう位置ベクトル ${}^B\boldsymbol{p}_{BW} = [p_x - L_3C_\phi \ \ p_y - L_3S_\phi]^{\mathrm{T}}$ とした場合の 2DOF マニピュレータの運動学方程式である。したがって，1.2.1 項で述べた 2DOF マニピュレータの逆運動学と同様にして，$\theta_1$ と $\theta_2$ が以下のように求められる。

$$\theta_2 = \pi - \alpha \tag{3.36}$$

$$\begin{aligned}\theta_1 = \ &\mathrm{atan2}\,(\,p_y - L_3S_\phi,\ p_x - L_3C_\phi\,) \\ &- \mathrm{atan2}\,(\,L_2\sin\theta_2,\ L_1 + L_2\cos\theta_2\,)\end{aligned} \tag{3.37}$$

ただし，式 (3.36) の右辺の $\alpha$ は，次式より求められる。

$$\alpha = \pm\,\mathrm{atan2}\left(\sqrt{1-\cos^2\alpha},\ \cos\alpha\right) \tag{3.38}$$

$$\cos\alpha = \frac{-\{(p_x - L_3C_\phi)^2 + (p_y - L_3S_\phi)^2)\} + L_1^2 + L_2^2}{2L_1L_2} \tag{3.39}$$

また，$\theta_3$ は式 (3.33) より得られる次式に対して，算出した $\theta_1$ と $\theta_2$ を代入すればよい。

$$\theta_3 = \phi - (\theta_1 + \theta_2) \tag{3.40}$$

逆運動学の解は，結局，式 (3.36), (3.37), (3.40) をあわせたものとなる。なお，2DOF マニピュレータの逆運動学と同様に，$\alpha = 0$ 以外の場合，$\theta_1,\theta_2$ お

よび $\theta_3$ は 2 通りの解の組となる。

逆運動学の一般的な解法においても，本例と同じく，運動学方程式（本例では式 (3.24)）に対して，式を構成している行列の逆行列を左や右からかけた式をつくることにより，逆運動学を部分的に解き出すことのできる式（本例では式 (3.34), (3.35)）を見出すことが重要となる[1)]。

## 3.4　一般のマニピュレータに適用可能な運動学方程式の導出方法

### 3.4.1　DH 記法と運動学方程式

3.3 節までに，運動学方程式を立てる際や逆運動学を解く際に，同次変換行列が利用できることを示した。この同次変換行列は，マニピュレータの姿勢や運動を記述するための手段となる。しかしながら，3.3 節までは直感的な方法により同次変換行列を定めていた。そこで本節では，自由度数が多い一般のマニピュレータに対しても適用可能な，同次変換行列を体系的に定めるための DH 記法について説明する。

**図 3.6** と**図 3.7** に，一般的なマニピュレータの第 $i$ 関節に DH 記法を適用した場合のリンク座標系と，以下で説明する 4 個のリンクパラメータを示す。こ

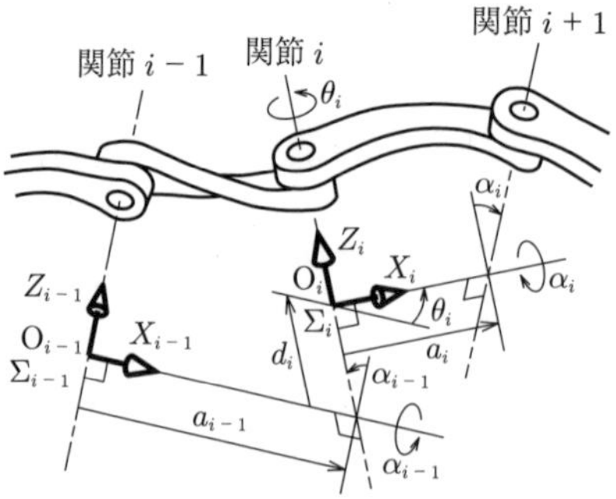


**図 3.6**　リンク座標系とリンクパラメータ（回転関節の場合）

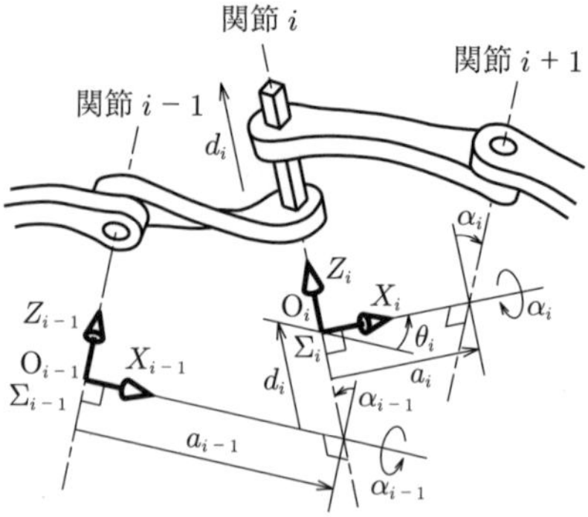


**図 3.7**　リンク座標系とリンクパラメータ（並進関節の場合）

こで，図 3.6 と図 3.7 はそれぞれ，回転関節の場合と並進関節の場合を示している。

以下では，このリンク座標系と 4 個のリンクパラメータを用いた，運動学方程式の導出手順について述べる。

**(1)　関節軸の決定**　マニピュレータの根元から見て第 $i$ 番目の関節が回転関節の場合には，回転軸を第 $i$ 関節軸とし，並進関節の場合には，その並進運動方向に平行な任意の直線を第 $i$ 関節軸と定める。

**(2)　共通法線の設定**　隣りあう二つの関節軸間に共通法線を定める。隣りあう関節軸が平行な場合には共通法線は一意ではないが，その場合には任意に一つの共通法線を選ぶこととする。第 $i$ 関節軸と第 $(i+1)$ 関節軸を結ぶ共通法線が第 $i$ リンクを表す数学モデルとなることに注意されたい。

**(3)　リンク座標系の決定**[5)]　第 $i$ 関節軸と第 $(i+1)$ 関節軸を結ぶ第 $i$ 共通法線（第 $i$ リンクを表す数学モデル）の根元に原点をもつように第 $i$ リンク座標系を定める。この際，第 $i$ 関節軸方向に $Z$ 軸をとり，第 $i$ 共通法線の第 $(i+1)$ 関節軸方向に $X$ 軸をとる。

**(4)　リンクパラメータの確認**　隣りあうリンク座標系間の関係は，以下の 4 個のリンクパラメータで表される。なお，4 個のパラメータはいずれも，符号つきの量であることに注意されたい。

$a_{i-1}$：$X_{i-1}$ 軸の正方向に沿って $Z_{i-1}$ 軸から見た $Z_i$ 軸の位置

$\alpha_{i-1}$：$X_{i-1}$ 軸まわりの右ねじ方向の回転と見なすときの，$Z_{i-1}$ 軸から見た $Z_i$ 軸の回転角

$d_i$　：$Z_i$ 軸の正方向に沿って $X_{i-1}$ 軸から見た $X_i$ 軸の位置

$\theta_i$　：$Z_i$ 軸まわりの右ねじ方向の回転と見なすときの，$X_{i-1}$ 軸から見た $X_i$ 軸の回転角

**(5)　隣りあうリンク座標系を対象とする同次変換行列の算出**　手順 (4) で定めたリンクパラメータは，$\Sigma_{i-1}$ から $\Sigma_i$ への同次変換の道のりを表すものとなる。すなわち，以下の四つの同次変換を順に行うことにより，$\Sigma_{i-1}$ から $\Sigma_i$ への同次変換を表すことができる。

① $X_{i-1}$ 軸に沿って $a_{i-1}$ だけ並進

② $X_{i-1}$ 軸まわりに $\alpha_{i-1}$ だけ回転

③ 回転後の $Z_{i-1}$（すなわち $Z_i$）軸に沿って $d_i$ だけ並進

④ 回転後の $Z_{i-1}$（すなわち $Z_i$）軸まわりに $\theta_i$ だけ回転

このとき，$\Sigma_{i-1}$ から見た $\Sigma_i$ の位置と姿勢を表す同次変換による記述 ${}^{i-1}\boldsymbol{T}_i$ は，次式で与えられる。

$$
{}^{i-1}\boldsymbol{T}_i = \boldsymbol{T}_T(X_{i-1}, a_{i-1})\,\boldsymbol{T}_R(X_{i-1}, \alpha_{i-1})\,\boldsymbol{T}_T(Z_i, d_i)\,\boldsymbol{T}_R(Z_i, \theta_i) \tag{3.41}
$$

ここで，$\boldsymbol{T}_T(X, a)$ は $X$ 軸方向へ $a$ だけ並進する同次変換を表し，$\boldsymbol{T}_R(X, \alpha)$ は $X$ 軸まわりに $\alpha$ だけ回転する同次変換を表す。よって，$S_i = \sin\theta_i$, $C_i = \cos\theta_i$, $S_{\alpha(i-1)} = \sin\alpha_{i-1}$, $C_{\alpha(i-1)} = \cos\alpha_{i-1}$ とするとき

$$
\begin{aligned}
{}^{i-1}\boldsymbol{T}_i &= \begin{bmatrix} 1 & 0 & 0 & a_{i-1} \\ 0 & 1 & 0 & 0 \\ 0 & 0 & 1 & 0 \\ 0 & 0 & 0 & 1 \end{bmatrix} \begin{bmatrix} 1 & 0 & 0 & 0 \\ 0 & C_{\alpha(i-1)} & -S_{\alpha(i-1)} & 0 \\ 0 & S_{\alpha(i-1)} & C_{\alpha(i-1)} & 0 \\ 0 & 0 & 0 & 1 \end{bmatrix} \\
&\quad \times \begin{bmatrix} 1 & 0 & 0 & 0 \\ 0 & 1 & 0 & 0 \\ 0 & 0 & 1 & d_i \\ 0 & 0 & 0 & 1 \end{bmatrix} \begin{bmatrix} C_i & -S_i & 0 & 0 \\ S_i & C_i & 0 & 0 \\ 0 & 0 & 1 & 0 \\ 0 & 0 & 0 & 1 \end{bmatrix} \\
&= \begin{bmatrix} C_i & -S_i & 0 & a_{i-1} \\ C_{\alpha(i-1)}S_i & C_{\alpha(i-1)}C_i & -S_{\alpha(i-1)} & -S_{\alpha(i-1)}d_i \\ S_{\alpha(i-1)}S_i & S_{\alpha(i-1)}C_i & C_{\alpha(i-1)} & C_{\alpha(i-1)}d_i \\ 0 & 0 & 0 & 1 \end{bmatrix}
\end{aligned} \tag{3.42}
$$

となる。式 (3.42) は，一般の場合に適用可能な公式として用いることができる。

**(6) 運動学方程式の導出**　　式 (3.42) を用いると，先端のリンク座標系 $\Sigma_n$ を $\Sigma_0$ に関係づける同次変換 ${}^0\boldsymbol{T}_n$ は，次式で与えられる。

$$ {}^{0}\boldsymbol{T}_n = {}^{0}\boldsymbol{T}_1 {}^{1}\boldsymbol{T}_2 \cdots {}^{n-1}\boldsymbol{T}_n \tag{3.43} $$

リンクパラメータの値がすべて与えられた場合，${}^{i-1}\boldsymbol{T}_i$ は関節変数 $q_i$ のみの関数になる。したがって，式 (3.43) の右辺は関節変数ベクトル $\boldsymbol{q}$ の関数である。さらに，マニピュレータの第 0 リンク座標系 $\Sigma_0$ が基準座標系 $\Sigma_{\mathrm{B}}$ に対して ${}^{B}\boldsymbol{T}_0$ で記述され，第 $n$ リンクに取りつけられた手先効果器の位置・姿勢を表す座標系 $\Sigma_{\mathrm{E}}$ が $\Sigma_n$ に対して ${}^{n}\boldsymbol{T}_E$ で記述される場合，手先効果器の位置・姿勢は，基準座標系に対して

$$ {}^{B}\boldsymbol{T}_E = {}^{B}\boldsymbol{T}_0 {}^{0}\boldsymbol{T}_n {}^{n}\boldsymbol{T}_E \tag{3.44} $$

で表される。この式がマニピュレータの運動学方程式となる。$\Sigma_{\mathrm{B}}$ が $\Sigma_0$ と一致する場合や $\Sigma_n$ と $\Sigma_{\mathrm{E}}$ が一致する場合には，${}^{B}\boldsymbol{T}_0$ や ${}^{n}\boldsymbol{T}_E$ を単位行列とすればよい。

### 3.4.2　適　　用　　例

図 **3.8** と図 **3.9** に 2DOF マニピュレータの外観とリンク構造を示す。このマニピュレータに DH 記法を適用しよう。

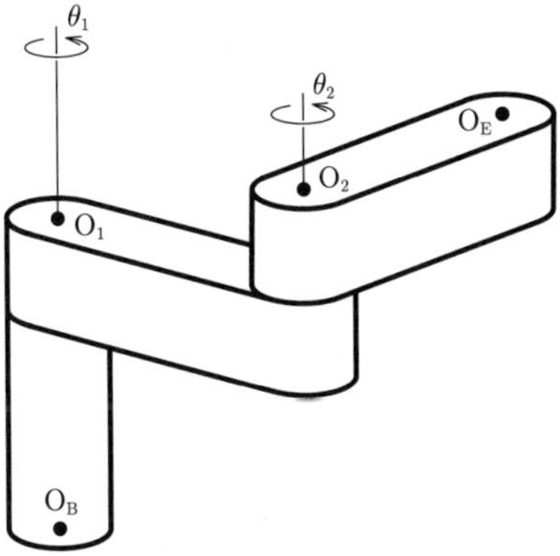


図 **3.8**　2DOF マニピュレータの外観

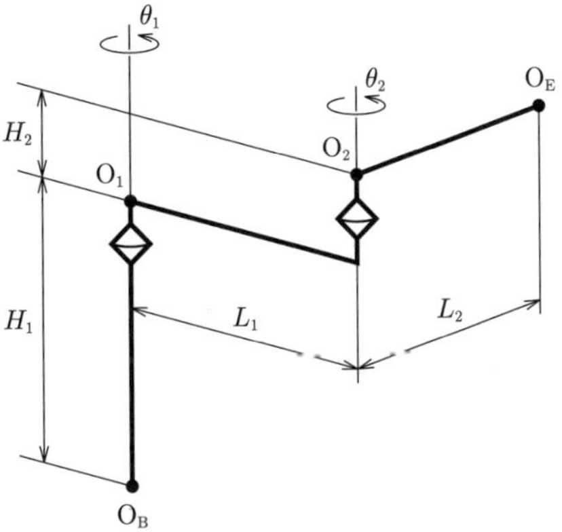


図 **3.9**　2DOF マニピュレータのリンク構造

2DOF マニピュレータの場合，$\mathrm{O_B}$ を $\Sigma_0$ の原点 $\mathrm{O}_0$，$\mathrm{O_E}$ を $\Sigma_3$ の原点 $\mathrm{O}_3$ と読みかえると，DH 記法の添え字付きの 4 種類のリンクパラメータ（DH パラ

メータ）は，**表 3.1** の各欄の左側に記入したパラメータとなる。これらは，特定のマニピュレータに DH 記法を適用する前のリンクパラメータである。そして，図 3.9 の構造をもつ 2DOF マニピュレータに DH 記法を適用した場合のリンクパラメータは，表 3.1 の各欄の右側のパラメータとなる。ここでは，パラメータの対応関係をわかりやすくするためにこのような書き方をしている。

**表 3.1** 2DOF マニピュレータのリンクパラメータ（DH 記法の適用前後）

| $i$ | $a_{i-1}$ | $\alpha_{i-1}$ | $d_i$ | $\theta_i$ |
|---|---|---|---|---|
| 1 | $a_0 \to 0$ | $\alpha_0 \to 0$ | $d_1 \to H_1$ | $\theta_1 \to (\theta_1)$ |
| 2 | $a_1 \to L_1$ | $\alpha_1 \to 0$ | $d_2 \to H_2$ | $\theta_2 \to (\theta_2)$ |
| 3 | $a_2 \to L_2$ | $\alpha_2 \to 0$ | $d_3 \to 0$ | $\theta_3 \to 0$ |

リンクパラメータの表を作成する場合は通常，適用したマニピュレータ固有の値をもったパラメータだけを**表 3.2** のように記入する。ただし，$\theta_1$ と $\theta_2$ は DH 記法を適用した 2DOF マニピュレータの関節変数であり，定数と区別するためにかっこで囲んでいる。

**表 3.2** 2DOF マニピュレータのリンクパラメータ（DH 記法の適用後のみ）

| $i$ | $a_{i-1}$ | $\alpha_{i-1}$ | $d_i$ | $\theta_i$ |
|---|---|---|---|---|
| 1 | 0 | 0 | $H_1$ | $(\theta_1)$ |
| 2 | $L_1$ | 0 | $H_2$ | $(\theta_2)$ |
| 3 | $L_2$ | 0 | 0 | 0 |

また，DH 記法を適用したときのリンク座標系を**図 3.10** に示す。ここでは再度，$\Sigma_0$ を基準座標系 $\Sigma_B$ に，$\Sigma_3$ を手先座標系 $\Sigma_E$ に読みかえて描いている。

なお，この適用例においては，手先 $\mathrm{O_E}$ に原点をもつ $\Sigma_3$ を導入していることに注意されたい。これは，マニピュレータの作業が手先座標系で記述されることが多いことから，手先座標系までの同次変換行列を DH 記法で直接扱うためである。

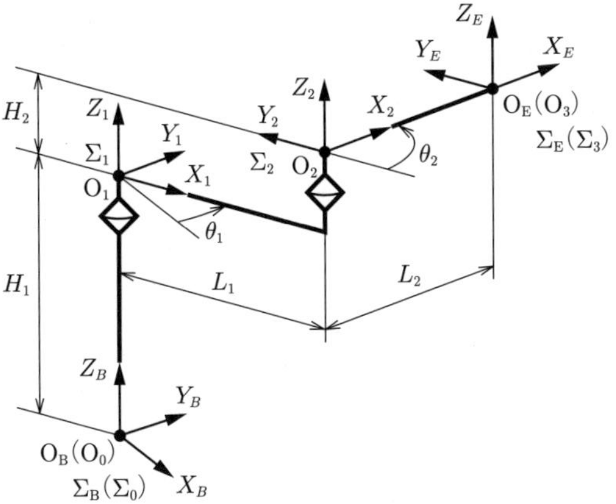


図 **3.10**　2DOF マニピュレータのリンク座標系

つぎに，**図 3.11** の 3DOF マニピュレータへの適用例を考えよう。この 3DOF マニピュレータは，多関節型 6DOF マニピュレータの根元 3 関節部としてよく用いられるものであり，図中の $O_E$ が必ずしも Q と一致しない場合を考える。なお，前例と異なり，リンク座標系の原点（前例の $O_1$ と $O_2$）を置きたい場所が特にない場合を想定する。

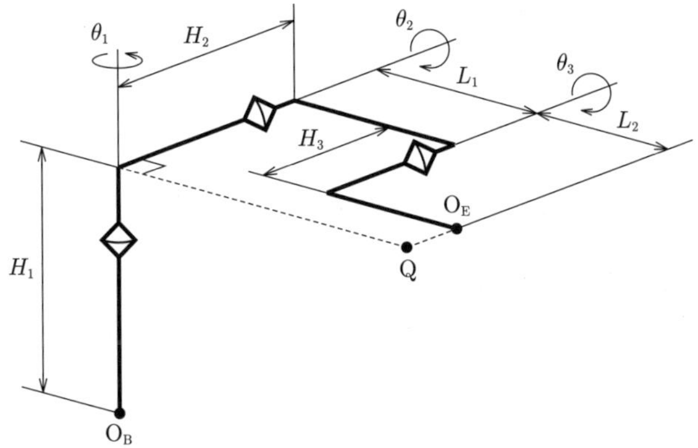


図 **3.11**　3DOF マニピュレータのリンク構造

**表 3.3** と**表 3.4** に，この例の適用例を示す。また，この二つの適用例に対応するリンク座標系を**図 3.12** に示す。$\Sigma_2'$ が表 3.4 に対応する第 2 リンク座標系

表 **3.3**　リンクパラメータ（$\Sigma_2$ に対応）

| $i$ | $a_{i-1}$ | $\alpha_{i-1}$ | $d_i$ | $\theta_i$ |
|---|---|---|---|---|
| 1 | 0 | 0 | $H_1$ | $(\theta_1)$ |
| 2 | 0 | $-\pi/2$ | $H_2$ | $(\theta_2)$ |
| 3 | $L_1$ | 0 | $-H_3$ | $(\theta_3)$ |
| 4 | $L_2$ | 0 | 0 | 0 |

表 **3.4**　リンクパラメータの別解（$\Sigma_2'$ に対応）

| $i$ | $a_{i-1}$ | $\alpha_{i-1}$ | $d_i$ | $\theta_i$ |
|---|---|---|---|---|
| 1 | 0 | 0 | $H_1$ | $(\theta_1)$ |
| 2 | 0 | $-\pi/2$ | 0 | $(\theta_2)$ |
| 3 | $L_1$ | 0 | $H_2-H_3$ | $(\theta_3)$ |
| 4 | $L_2$ | 0 | 0 | 0 |

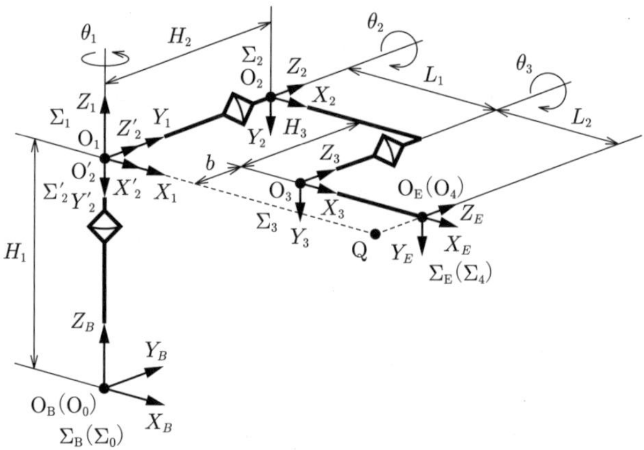


図 **3.12**　3DOF マニピュレータのリンク座標系

である。ただし，図 3.12 中の $b$ は $H_2-H_3$ に等しい。この例からわかるように，DH 記法の適用例にはある程度の任意性があるので，都合のよい設定方法を選べばよい。

## 章　末　問　題

【**1**】 図 **3.13** の 2DOF マニピュレータ（並進+回転）の順運動学と逆運動学を求めよ。ただし，諸量は以下の通りである。

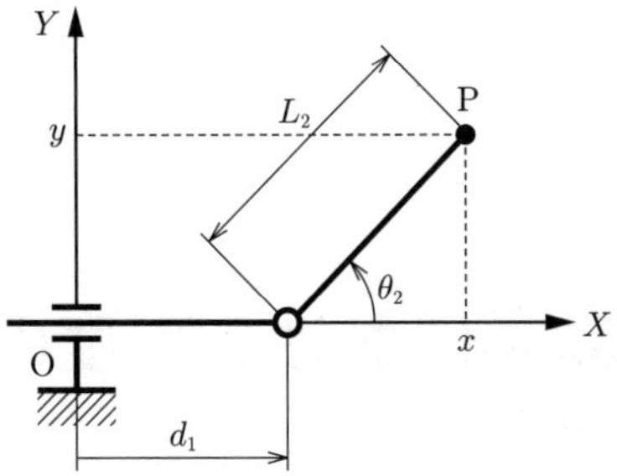


**図 3.13**　2DOF マニピュレータ（並進+回転）の運動学（位置）に必要な諸量

$d_1$：並進関節（第 1 関節）の関節変数
$\theta_2$：回転関節（第 2 関節）の関節変数
$\boldsymbol{\theta} = [\,d_1\ \theta_2\,]^{\mathrm{T}}$：関節変数
$\boldsymbol{r} = [\,x\ \ y\,]^{\mathrm{T}}$　：手先位置

【2】　**図 3.14** にスカラ型ロボット[10] のリンク構造を示す。このロボットの $\mathrm{O_B}$ を基準座標系の原点とし，$\mathrm{O_1}$ から $\mathrm{O_4}$ がリンク座標系の原点となるように DH 記法を適用するときのリンクパラメータを示せ。ただし，$d_3$ は，$\mathrm{O_2}$ から見たときの，上向きを正とする $\mathrm{O_3}$ の高さとする。すなわち，$\mathrm{O_3}$ が $\mathrm{O_2}$ より下にある場合には，$d_3 < 0$ となる。

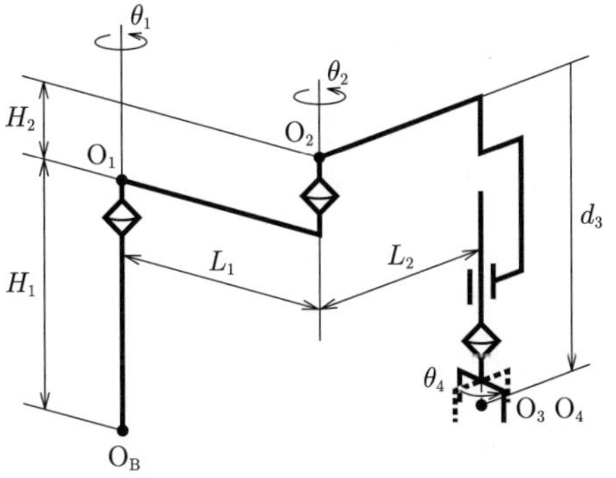


**図 3.14**　スカラ型ロボットのリンク構造

# 4 運動学における速度の関係式

## 4.1 速度の関係式とヤコビ行列

マニピュレータの手先位置 $\boldsymbol{r}$ と関節変数 $\boldsymbol{\theta}$ の関係が，つぎのように運動学方程式として

$$\boldsymbol{r} = \boldsymbol{f}(\boldsymbol{\theta}) \tag{4.1}$$

で表される場合を考える。ただし，ここでは一般の場合を考えて

$$\boldsymbol{r} = [\, r_1 \; r_2 \; \cdots \; r_m \,]^{\mathrm{T}} \in \boldsymbol{R}^m$$
$$\boldsymbol{\theta} = [\, \theta_1 \; \theta_2 \; \cdots \; \theta_n \,]^{\mathrm{T}} \in \boldsymbol{R}^n$$

とし，手先位置が姿勢を表す変数を含む場合や，関節変数が回転角と並進変位の組合せからなる場合も含むものとする。なお，式 (4.1) は成分ごとに表現すると

$$r_j = f_j(\theta_1, \theta_2, \cdots, \theta_n) \quad (j = 1, 2, \cdots, m) \tag{4.2}$$

となる。$n > m$ の場合には，手先位置を決定しても関節変数が一意に決まらず，無限個の解をもつ**冗長ロボット**（redundant robot）となる。この場合にロボットがもつ冗長性は，運動学的冗長性となるが，これについては 8 章で詳しく述べる。また，産業用によく用いられる多関節型ロボットアームの場合は，通常，作業に必要な手先位置として位置 3 変数と姿勢 3 変数の計 6 変数を用い，かつ

冗長ロボットの構成をとらないので，$n = m = 6$ となる。

さて，式 (4.1) の両辺を時間 $t$ で微分すると，つぎの**速度の関係式**（equation of velocity）が得られる。

$$\dot{\boldsymbol{r}} = \boldsymbol{J}\dot{\boldsymbol{\theta}} \tag{4.3}$$

$$\begin{aligned}\boldsymbol{J} &= \frac{\partial \boldsymbol{f}(\boldsymbol{\theta})}{\partial \boldsymbol{\theta}^{\mathrm{T}}} \\ &= \begin{bmatrix} \dfrac{\partial f_1}{\partial \theta_1} & \cdots & \dfrac{\partial f_1}{\partial \theta_n} \\ \vdots & & \vdots \\ \dfrac{\partial f_m}{\partial \theta_1} & \cdots & \dfrac{\partial f_m}{\partial \theta_n} \end{bmatrix} \in \boldsymbol{R}^{m \times n}\end{aligned} \tag{4.4}$$

式 (4.3) は手先速度 $\dot{\boldsymbol{r}}$ と関節速度 $\dot{\boldsymbol{\theta}}$ の関係を表す式であり，式 (4.4) の $\boldsymbol{J}$ は**ヤコビ行列**（manipulator Jacobian）と呼ばれる。また，式 (4.3) の両辺に微小時間 $dt$ をかけると

$$d\boldsymbol{r} = \boldsymbol{J}d\boldsymbol{\theta} \tag{4.5}$$

を得るので，ヤコビ行列を用いて微小変位どうしの関係式を表すこともできる。

さらに，式 (4.3) を時間 $t$ で微分すると，つぎの**加速度の関係式**（equation of acceleration）が得られる。

$$\ddot{\boldsymbol{r}} = \boldsymbol{J}\ddot{\boldsymbol{\theta}} + \dot{\boldsymbol{J}}\dot{\boldsymbol{\theta}} \tag{4.6}$$

ただし，$\dot{\boldsymbol{J}}$ は，$\boldsymbol{J}$ の各要素を時間で微分することにより求められる。

なお，本節で扱うヤコビ行列 $\boldsymbol{J}$ は，式 (4.4) で定義される数学的に厳密な意味でのヤコビ行列であるが，後述の 4.3 節に示す手先速度と関節速度の幾何学的な関係に着目した方法によっても求めることができる。

---

**例題 4.1**　**図 4.1** の 2DOF マニピュレータのヤコビ行列を求めよ。

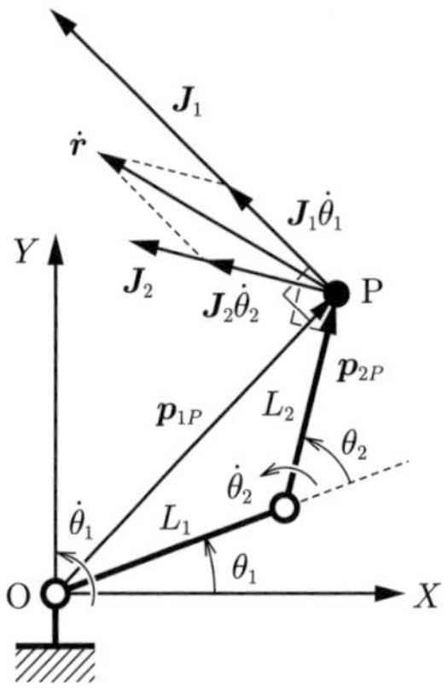


図 **4.1**　ヤコビ行列の物理的意味

【解答】 つぎの手順で求めることにする。

(1) 式 (4.1) の運動学方程式を導出する。

(2) 式 (4.4) の定義に従ってヤコビ行列を導出する。

手順 (1) においては，2.1 節で導出した

$$x = L_1C_1 + L_2C_{12} \tag{4.7}$$

$$y = L_1S_1 + L_2S_{12} \tag{4.8}$$

を用いればよい。ただし，$C_1 = \cos\theta_1$, $S_1 = \sin\theta_1$, $C_{12} = \cos(\theta_1 + \theta_2)$, $S_{12} = \sin(\theta_1 + \theta_2)$ である。

手順 (2) においては，まず，式 (4.7)，(4.8) を用いて

$$\frac{\partial x}{\partial \theta_1} = -L_1S_1 - L_2S_{12}, \quad \frac{\partial x}{\partial \theta_2} = -L_2S_{12} \tag{4.9}$$

$$\frac{\partial y}{\partial \theta_1} = L_1C_1 + L_2C_{12}, \quad \frac{\partial y}{\partial \theta_2} = L_2C_{12} \tag{4.10}$$

を得る。そして式 (4.9), (4.10) を式 (4.4) に代入して

$$\boldsymbol{J} = \begin{bmatrix} -L_1S_1 - L_2S_{12} & -L_2S_{12} \\ L_1C_1 + L_2C_{12} & L_2C_{12} \end{bmatrix} \tag{4.11}$$

を得る。　◇

なお，ヤコビ行列がマニピュレータの姿勢（例題 4.1 では $\theta_1$ と $\theta_2$）の関数であることに注意されたい。

## 4.2　速度の関係式とその物理的意味

### 4.2.1　2DOF マニピュレータ

ここでは，例題 4.1 の結果を用いてヤコビ行列の物理的な意味を明らかにしよう。

まず，式 (4.11) のヤコビ行列に対して次式のように列ベクトルを定義する。

$$\begin{cases} \boldsymbol{J} = [\,\boldsymbol{J}_1\ \boldsymbol{J}_2\,] \\ \boldsymbol{J}_i \in \boldsymbol{R}^{2\times 1} \quad (i = 1, 2) \end{cases} \tag{4.12}$$

すなわち

$$\begin{cases} \boldsymbol{J}_1 = \begin{bmatrix} -L_1S_1 - L_2S_{12} \\ L_1C_1 + L_2C_{12} \end{bmatrix} \\ \boldsymbol{J}_2 = \begin{bmatrix} -L_2S_{12} \\ L_2C_{12} \end{bmatrix} \end{cases} \tag{4.13}$$

である。この $\boldsymbol{J}_1$, $\boldsymbol{J}_2$ を用いると，式 (4.3) は次式に変形できる。

$$\dot{\boldsymbol{r}} = \boldsymbol{J}_1\dot{\theta}_1 + \boldsymbol{J}_2\,\dot{\theta}_2 \tag{4.14}$$

この式 (4.14) より，$\boldsymbol{J}_1\dot{\theta}_1$ と $\boldsymbol{J}_2\,\dot{\theta}_2$ はそれぞれ，$\dot{\theta}_1$ と $\dot{\theta}_2$ によって生じる手先速度の成分であることがわかる。また，$\boldsymbol{J}_1$ と $\boldsymbol{J}_2$ はそれぞれ，関節によって生じる手先速度の方向と単位関節速度当りの手先速度の大きさを意味することがわかる。これらの関係を既出の図 4.1 に示す。なお，この例では回転関節を取り上げているため，$\boldsymbol{J}_1$ と $\boldsymbol{J}_2$ はそれぞれ，図中の $\boldsymbol{p}_{1P}$ と $\boldsymbol{p}_{2P}$ を反時計回りに $\pi/2$ だけ回転したものとなる。このことはつぎのようにして確認できる。

$$\begin{aligned} \begin{bmatrix} \cos\dfrac{\pi}{2} & -\sin\dfrac{\pi}{2} \\ \sin\dfrac{\pi}{2} & \cos\dfrac{\pi}{2} \end{bmatrix} \boldsymbol{p}_{1P} &= \begin{bmatrix} 0 & -1 \\ 1 & 0 \end{bmatrix} \begin{bmatrix} L_1C_1 + L_2C_{12} \\ L_1S_1 + L_2S_{12} \end{bmatrix} \\ &= \begin{bmatrix} -L_1S_1 - L_2S_{12} \\ L_1C_1 + L_2C_{12} \end{bmatrix} = \boldsymbol{J}_1 \end{aligned} \tag{4.15}$$

$$\begin{bmatrix} \cos\dfrac{\pi}{2} & -\sin\dfrac{\pi}{2} \\ \sin\dfrac{\pi}{2} & \cos\dfrac{\pi}{2} \end{bmatrix} \boldsymbol{p}_{2P} = \begin{bmatrix} 0 & -1 \\ 1 & 0 \end{bmatrix} \begin{bmatrix} L_2C_{12} \\ L_2S_{12} \end{bmatrix}$$

$$= \begin{bmatrix} -L_2S_{12} \\ L_2C_{12} \end{bmatrix} = \boldsymbol{J}_2 \tag{4.16}$$

式 (4.13)，(4.14) の関係から，$\theta_2 = 0$ または $\theta_2 = \pi$ のときには，式 (4.14) の $\boldsymbol{J}_1$ と $\boldsymbol{J}_2$ が平行となる。この場合，生成できる手先速度は $XY$ 平面を張らず，$\boldsymbol{J}_1$（または $\boldsymbol{J}_2$）の方向の手先速度しか生成できない。このような状態にある姿勢を**特異姿勢**（singular configuration）と呼ぶ。ロボットを動作させる際には通常，特異姿勢にならないような姿勢が保たれるように制御する。

### 4.2.2 並進 2DOF マニピュレータ

3 章で示した図 3.1 の並進 2DOF マニピュレータの速度の関係式は式 (3.1) より次式となる。

$$\dot{\boldsymbol{r}} = \boldsymbol{J}\dot{\boldsymbol{\theta}} \tag{4.17}$$

$$\boldsymbol{J} = \begin{bmatrix} 1 & C_\alpha \\ 0 & S_\alpha \end{bmatrix} \tag{4.18}$$

ただし，$\dot{\boldsymbol{r}} = [\dot{x}\ \ \dot{y}]^{\mathrm{T}}$，$\dot{\boldsymbol{\theta}} = [\dot{d}_1\ \ \dot{d}_2]^{\mathrm{T}}$ である。

4.2.1 項と同様にして

$$\begin{cases} \boldsymbol{J} = \begin{bmatrix} \boldsymbol{J}_1 & \boldsymbol{J}_2 \end{bmatrix} \\ \boldsymbol{J}_1 = \begin{bmatrix} 1 \\ 0 \end{bmatrix} \\ \boldsymbol{J}_2 = \begin{bmatrix} C_\alpha \\ S_\alpha \end{bmatrix} \end{cases} \tag{4.19}$$

とすると，速度の関係式は次式となる。

$$\dot{\boldsymbol{r}} = \boldsymbol{J}_1\dot{d}_1 + \boldsymbol{J}_2\,\dot{d}_2 \tag{4.20}$$

また，速度の関係式の物理的意味は**図 4.2** のように表される。すなわち，$\boldsymbol{J}_1$ と $\boldsymbol{J}_2$ はそれぞれ，対応する並進関節の運動方向を向くものとなる。

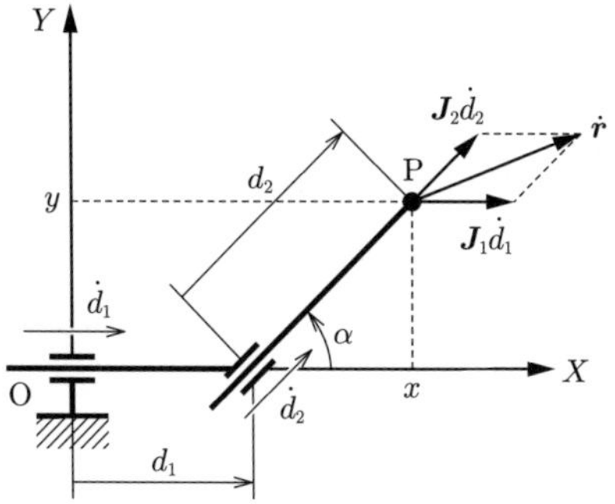


**図 4.2**　並進 2DOF マニピュレータの
速度の関係式の物理的意味

図 3.1 の並進 2DOF マニピュレータの加速度の関係式は，式 (4.17) と式 (4.18) より次式となる。

$$\ddot{\boldsymbol{r}} = \boldsymbol{J}\ddot{\boldsymbol{\theta}} \tag{4.21}$$

式 (4.21) において $\dot{\boldsymbol{J}}\dot{\boldsymbol{\theta}}$ の項がないのは，ヤコビ行列 $\boldsymbol{J}$ が定係数行列であり

$$\dot{\boldsymbol{J}} = \boldsymbol{O} \tag{4.22}$$

となるためである。ただし，$\boldsymbol{O}$ は成分がすべて 0 のゼロ行列である。

### 4.2.3　2DOF マニピュレータ（回転＋並進）

**図 4.3** の 2DOF マニピュレータの速度の関係式は以下の式で表される。

$$\dot{\boldsymbol{r}} = \boldsymbol{J}\dot{\boldsymbol{\theta}} \tag{4.23}$$

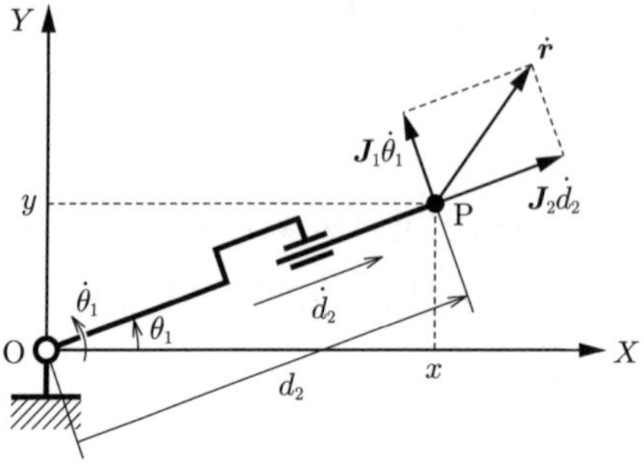


**図 4.3**　2DOF マニピュレータ（回転+並進）の速度の関係式の物理的意味

$$
\boldsymbol{J} = \begin{bmatrix} -d_2 S_1 & C_1 \\ d_2 C_1 & S_1 \end{bmatrix} \tag{4.24}
$$

ここで

$$
\begin{cases} \boldsymbol{J} = \begin{bmatrix} \boldsymbol{J}_1 & \boldsymbol{J}_2 \end{bmatrix} \\ \boldsymbol{J}_i \in \boldsymbol{R}^{2\times 1} \quad (i = 1, 2) \end{cases} \tag{4.25}
$$

とすると

$$
\begin{cases} \boldsymbol{J}_1 = \begin{bmatrix} -d_2 S_1 \\ d_2 C_1 \end{bmatrix} \\ \boldsymbol{J}_2 = \begin{bmatrix} C_1 \\ S_1 \end{bmatrix} \end{cases} \tag{4.26}
$$

となる。この $\boldsymbol{J}_1$ と $\boldsymbol{J}_2$ の大きさは

$$
\|\boldsymbol{J}_1\| = d_2 \tag{4.27}
$$

$$
\|\boldsymbol{J}_2\| = 1 \tag{4.28}
$$

である。また，$\boldsymbol{J}_1$ と $\boldsymbol{J}_2$ の方向は，$\overrightarrow{\mathrm{OP}} = [\, d_2 C_1 \ d_2 S_1 \,]^{\mathrm{T}}$ より

$$
\boldsymbol{J}_1^{\mathrm{T}} \overrightarrow{\mathrm{OP}} = \begin{bmatrix} -d_2 S_1 & d_2 C_1 \end{bmatrix} \begin{bmatrix} d_2 C_1 \\ d_2 S_1 \end{bmatrix} = 0 \tag{4.29}
$$

$$\boldsymbol{J}_2 = \begin{bmatrix} C_1 \\ S_1 \end{bmatrix} = \frac{1}{d_2}\overrightarrow{\mathrm{OP}} \tag{4.30}$$

となり，$\boldsymbol{J}_1$ は $\overrightarrow{\mathrm{OP}}$ に直交し，$\boldsymbol{J}_2$ は $\overrightarrow{\mathrm{OP}}$ と同方向である。

また，加速度の関係式は以下の式で表される。

$$\ddot{\boldsymbol{r}} = \boldsymbol{J}\ddot{\boldsymbol{\theta}} + \dot{\boldsymbol{J}}\dot{\boldsymbol{\theta}} \tag{4.31}$$

$$\dot{\boldsymbol{J}} = \begin{bmatrix} -d_2C_1\dot{\theta}_1 - S_1\dot{d}_2 & -S_1\dot{\theta}_1 \\ -d_2S_1\dot{\theta}_1 + C_1\dot{d}_2 & C_1\dot{\theta}_1 \end{bmatrix} \tag{4.32}$$

## 4.3　一般のマニピュレータにおける速度の関係式

### 4.3.1　マニピュレータ内の速度の関係式

4.2 節で示した速度の関係式の物理的意味を考慮し，一般のマニピュレータにおけるヤコビ行列を導出しよう。

一般のマニピュレータの速度の関係式を扱うため，ここでは，手先の並進速度ベクトル $\dot{\boldsymbol{p}}\,(\in \boldsymbol{R}^3)$ と角速度ベクトル $\boldsymbol{\omega}\,(\in \boldsymbol{R}^3)$ を用いて手先速度 $\boldsymbol{v}$ を表すこととし，関節速度ベクトル $\dot{\boldsymbol{q}}$ とあわせてつぎのように定義する。

$$\boldsymbol{v} = \begin{bmatrix} \dot{\boldsymbol{p}} \\ \boldsymbol{\omega} \end{bmatrix} \in \boldsymbol{R}^6 \tag{4.33}$$

$$\dot{\boldsymbol{q}} = [\,\dot{q}_1\ \dot{q}_2\ \cdots\ \dot{q}_n\,]^{\mathrm{T}} \in \boldsymbol{R}^n \tag{4.34}$$

$$\dot{q}_i = \begin{cases} \dot{\theta}_i & \text{（回転関節の場合）} \\ \dot{d}_i & \text{（並進関節の場合）} \end{cases} \tag{4.35}$$

このとき速度の関係式は以下で表される。

$$\begin{cases} \boldsymbol{v} = \boldsymbol{J}_v\,\dot{\boldsymbol{q}} \\ \boldsymbol{J}_v \in \boldsymbol{R}^{6\times n} \end{cases} \tag{4.36}$$

このヤコビ行列を

$$\begin{cases} \boldsymbol{J}_v = [\,\boldsymbol{J}_{v1}\ \boldsymbol{J}_{v2}\ \cdots\ \boldsymbol{J}_{vi}\ \cdots\ \boldsymbol{J}_{vn}\,] \\ \boldsymbol{J}_{vi} = \begin{bmatrix} \boldsymbol{J}_{vLi} \\ \boldsymbol{J}_{vRi} \end{bmatrix} \in \boldsymbol{R}^{6\times 1} \quad (i = 1, 2, \cdots, n) \end{cases} \tag{4.37}$$

と定義すると，第 $i$ 列の要素 $\boldsymbol{J}_{vi}$ は次式となる。

$$\boldsymbol{J}_{vi} = \begin{bmatrix} \boldsymbol{J}_{vLi} \\ \boldsymbol{J}_{vRi} \end{bmatrix} = \begin{cases} \begin{bmatrix} \boldsymbol{e}_{Zi} \times \boldsymbol{p}_{iP} \\ \boldsymbol{e}_{Zi} \end{bmatrix} & \text{（回転関節の場合）} \\ \begin{bmatrix} \boldsymbol{e}_{Zi} \\ \boldsymbol{0} \end{bmatrix} & \text{（並進関節の場合）} \end{cases} \tag{4.38}$$

ただし，$\boldsymbol{e}_{Zi}$ は第 $i$ 関節の $Z$ 軸正方向の単位ベクトル，$\boldsymbol{p}_{iP}$ は第 $i$ 回転関節の関節軸上の一点から手先 P に向かう位置ベクトルである。DH 記法に従って $\boldsymbol{e}_{Zi}$，$\boldsymbol{p}_{iP}$ を定義する場合は，$\boldsymbol{e}_{Zi}$ を第 $i$ リンク座標系 $\Sigma_i$ の $Z$ 軸の基底ベクトル，$\boldsymbol{p}_{iP}$ を $\Sigma_i$ の原点 $\mathrm{O}_i$ から手先 P に向かう位置ベクトルとすればよい。

なお，4.2 節で取り上げたマニピュレータはすべて，運動が $XY$ 平面上に生じる平面マニピュレータであり，手先の並進速度 $\dot{\boldsymbol{p}}$ のみを対象とするものであるが，$XY$ 平面に垂直で右手系をなすように $Z$ 軸を定義して $\boldsymbol{e}_{Zi}$ と $\boldsymbol{p}_{iP}$ を定義すれば，4.2 節の $\boldsymbol{J}_i$ は式 (4.38) の $\boldsymbol{J}_{vLi}$ に合致するものとなる。

---

**例題 4.2**　回転関節を一つもつ図 **4.4** の 1DOF マニピュレータの関節軸の向き $\boldsymbol{e}_{Z1}$，第 1 関節位置 $\mathrm{O_B}$ から手先位置 P に向かう位置ベクトル $\boldsymbol{p}_{1P}$，および第 1 関節の角速度 $\dot{\theta}_1$ がそれぞれ以下のように与えられるとき，$\dot{\theta}_1$ とそれにより生じる手先速度 $\boldsymbol{v}$ (並進速度 $\dot{\boldsymbol{p}}$ と角速度 $\boldsymbol{\omega}$) を関係づけるヤコビ行列の要素を求め，その物理的意味について考察せよ。

$$\boldsymbol{e}_{Z1} = \begin{bmatrix} 0 \\ 0 \\ 1 \end{bmatrix} \tag{4.39}$$

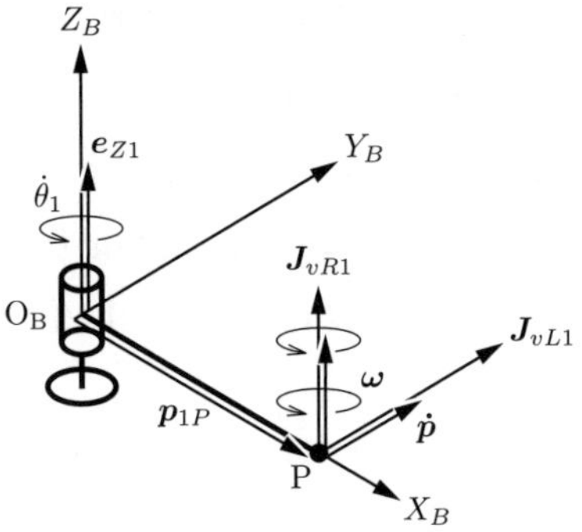


図 **4.4**　1DOF マニピュレータの速度の関係式

$$\boldsymbol{p}_{1P} = \begin{bmatrix} 2\,[\mathrm{m}] \\ 0\,[\mathrm{m}] \\ 0\,[\mathrm{m}] \end{bmatrix} \tag{4.40}$$

$$\dot{\theta}_1 = 0.5\,[\mathrm{rad/s}] \tag{4.41}$$

---

**【解答】**　回転関節をもつ 1DOF マニピュレータであるため，式 (4.37) のヤコビ行列は，第 1 列の要素 $\boldsymbol{J}_{v1}$ だけをもつ，式 (4.42) で表すものとなる。

$$\boldsymbol{J}_{v1} = \begin{bmatrix} \boldsymbol{J}_{vL1} \\ \boldsymbol{J}_{vR1} \end{bmatrix} = \begin{bmatrix} \boldsymbol{e}_{Z1} \times \boldsymbol{p}_{1P} \\ \boldsymbol{e}_{Z1} \end{bmatrix} \tag{4.42}$$

この式 (4.42) に式 (4.39)，式 (4.40) を代入し，式 (4.43) と式 (4.44) を得る。

$$\boldsymbol{J}_{vL1} = \begin{bmatrix} 0\,[\mathrm{m}] \\ 2\,[\mathrm{m}] \\ 0\,[\mathrm{m}] \end{bmatrix} \tag{4.43}$$

$$\boldsymbol{J}_{vR1} = \begin{bmatrix} 0 \\ 0 \\ 1 \end{bmatrix} \tag{4.44}$$

式 (4.43)，(4.44) より，$\boldsymbol{J}_{vL1}$ は，$\boldsymbol{p}_{1P}$ に直交し，かつ $\boldsymbol{p}_{1P}$ と同じ大きさであり，また，$\boldsymbol{J}_{vR1}$ は，$\boldsymbol{e}_{Z1}$ と同じ方向で $\boldsymbol{e}_{Z1}$ と同じ大きさ 1 であることがわかる。 ◇

### 4.3.2　同一リンク（剛体）上の速度の等価変換

6 章の動力学で使用するため，**図 4.5** のような同一リンク（剛体）上の異なる 2 点で表した並進速度と角速度の等価変換を考えよう。いま，$\mathrm{O_A}$ で表した並進速度と角速度をそれぞれ $\dot{\boldsymbol{p}}_A$ と $\boldsymbol{\omega}_A$，また，$\mathrm{O_B}$ で表した並進速度と角速度をそれぞれ $\dot{\boldsymbol{p}}_B$ と $\boldsymbol{\omega}_B$ とすると，式 (4.45) と式 (4.46) が成り立つ。

$$\dot{\boldsymbol{p}}_B = \dot{\boldsymbol{p}}_A + \boldsymbol{\omega}_A \times \boldsymbol{p}_{AB} \tag{4.45}$$

$$\boldsymbol{\omega}_B = \boldsymbol{\omega}_A \tag{4.46}$$

ただし，$\boldsymbol{p}_{AB}$ は，$\mathrm{O_A}$ から $\mathrm{O_B}$ に向かう位置ベクトルである。ここで，式 (4.45) と式 (4.46) を整理するため，外積に関する以下の性質を用いる。

$$\boldsymbol{b} \times \boldsymbol{a} = -\boldsymbol{a} \times \boldsymbol{b} \tag{4.47}$$

$$[\boldsymbol{a}\times]\boldsymbol{b} = \boldsymbol{a} \times \boldsymbol{b} \tag{4.48}$$

$$-[\boldsymbol{a}\times]\boldsymbol{b} = [\boldsymbol{a}\times]^{\mathrm{T}}\boldsymbol{b} \tag{4.49}$$

ただし，$\boldsymbol{a} = [a_x\ a_y\ a_z]^{\mathrm{T}}$ とすると，$[\boldsymbol{a}\times]$ は以下の式の歪対称行列である。

$$[\boldsymbol{a}\times] = \begin{bmatrix} 0 & -a_z & a_y \\ a_z & 0 & -a_x \\ -a_y & a_x & 0 \end{bmatrix} \tag{4.50}$$

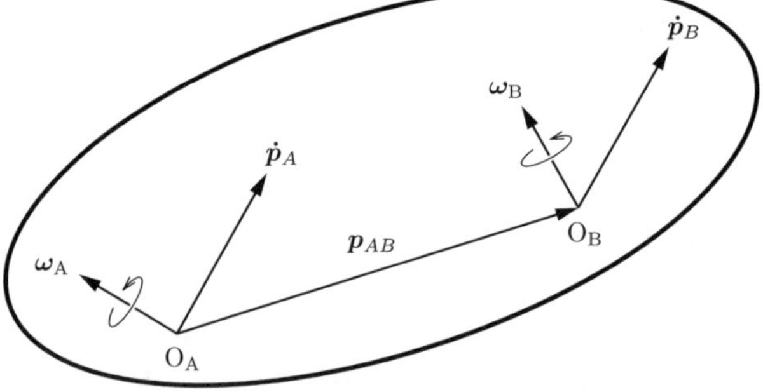


**図 4.5**　同一リンク（剛体）上の速度の等価変換

さて，式 (4.45) と式 (4.47)，式 (4.48) を用いると次式が成り立つ。

$$\dot{\boldsymbol{p}}_B = \dot{\boldsymbol{p}}_A - \boldsymbol{p}_{AB} \times \boldsymbol{\omega}_A = \dot{\boldsymbol{p}}_A - [\boldsymbol{p}_{AB}\times]\boldsymbol{\omega}_A \tag{4.51}$$

よって，式 (4.51) と式 (4.46) より，次式が成り立つ。

$$\begin{bmatrix} \dot{\boldsymbol{p}}_B \\ \boldsymbol{\omega}_B \end{bmatrix} = \boldsymbol{J}_{AB} \begin{bmatrix} \dot{\boldsymbol{p}}_A \\ \boldsymbol{\omega}_A \end{bmatrix} \tag{4.52}$$

ただし，

$$\boldsymbol{J}_{AB} = \begin{bmatrix} \boldsymbol{E}_3 & -[\boldsymbol{p}_{AB}\times] \\ 0 & \boldsymbol{E}_3 \end{bmatrix} \tag{4.53}$$

であり，$\boldsymbol{E}_3$ は 3 次の単位行列である。

## 章　末　問　題

【1】 図 3.13 の 2DOF マニピュレータの速度の関係式と加速度の関係式を求めよ。また，速度の関係式におけるヤコビ行列の物理的意味を図示せよ。

【2】 図 3.4 の 3DOF マニピュレータのヤコビ行列を求めよ。

# 5 静　力　学

## 5.1　マニピュレータの静力学関係式

### 5.1.1　仮想仕事の原理

本章では静力学について述べるが，はじめに，その際に必要となる仮想仕事の原理について説明しよう。

**仮想仕事の原理**（principle of virtual work）：拘束力が仕事を行わない力学系がつりあうための必要十分条件は，構造上許される任意の微小変位（仮想変位）に対して力の行う仕事の和が 0 になることである。

ただし，ここでいう**仮想変位**（virtual displacement）は，対象としている系の力学的構造を記述するものであり，時間の経過とともに実際に生じる変位とは異なる。このため「仮想」という表現になっている。また，**拘束力**（force of constraint）は系の挙動に制約を課す力である。詳しくは解析力学の教科書[8)]を参考にされたい。

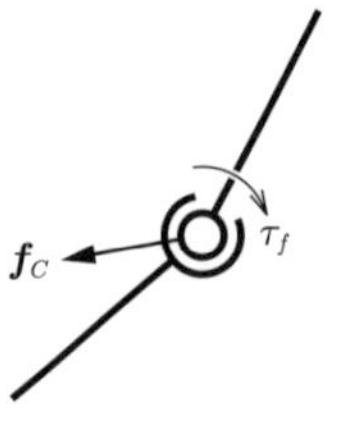


**図 5.1**　回転関節に働く拘束力

なお，$XY$ 平面内での動作のみを対象とするマニピュレータの回転関節の場合には，**図 5.1** に示すように，リンク間に作用する並進力 $\boldsymbol{f}_C$ と，リンク間の回転運動に伴い，その反対方向に生じうる摩擦力 $\tau_f$ とをあわせたものが拘束力となる。前者の並進力は，関節を構成する対偶が保たれるように回転関節の運動に幾何学的な制約を与えるものである。この場合，拘束力が仕事を行わないとは，拘束力のうち，通常では生じない並進変位と対をなす並進力 $\boldsymbol{f}_C$ のみが作用し，摩擦力 $\tau_f$ が生じないことを意味する。

理解しやすい例を用いて，仮想仕事の原理を実際に使ってみよう。

---

**例題 5.1**　図 **5.2** に示すてこの一端に作用する力 $F_A$ が既知であるとき，もう一端に作用する力 $F_B$ を仮想仕事の原理を用いて求めよ。ただし，てこの長さ $L_A$, $L_B$ は与えられているとする。

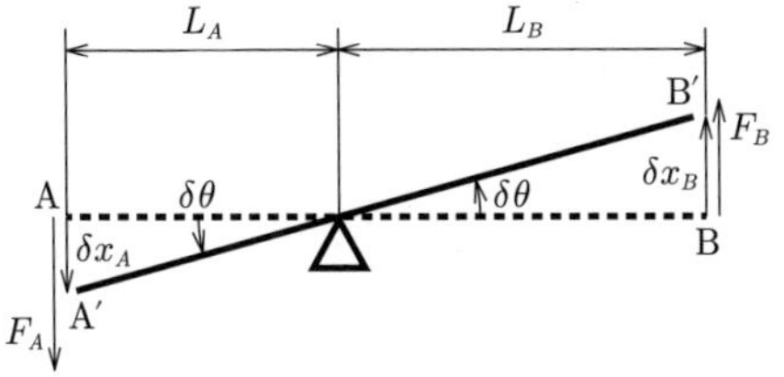


**図 5.2**　てことその両端に作用する力

---

**【解答】**　仮想仕事の原理より，てこの両端の力が行う仮想仕事に関して

$$F_A\delta x_A + F_B\delta x_B = 0 \tag{5.1}$$

が成立する。ただし，$\delta x_A$ と $\delta x_B$ はてこの両端における仮想変位である。また，仮想変位については次式が成立する。

$$\delta x_A = L_A\delta\theta, \quad \delta x_B = L_B\delta\theta \tag{5.2}$$

ただし，$\delta\theta$ はてこの支点まわりの仮想変位である。式 (5.2) を式 (5.1) に代入し $\delta x_A$ と $\delta x_B$ を消去すると

$$(F_AL_A + F_BL_B)\delta\theta = 0 \tag{5.3}$$

が得られる。この式 (5.3) が任意の $\delta\theta$ に対して成立することから

$$F_AL_A + F_BL_B = 0 \tag{5.4}$$

が成立する。よって

$$F_B = -\frac{L_A}{L_B}F_A \tag{5.5}$$

を得る。$F_A$ が下方を向いて正の値をとるとき $F_B$ は負の値をとるが，$F_B$ の正方向を上方として定義しているので，このとき $F_B$ も $F_A$ と同じく下方を向くことになる。　◇

### 5.1.2　静力学関係式の導出

5.1.1 項の仮想仕事の原理を用いて，マニピュレータの静力学関係式を導出しよう。

ここでは，**図 5.3**(a) に示すような仮想変位を生じるマニピュレータを対象として，図 (b) に示すような力どうしの関係式を導出する。ただし，導出方法自体は一般の場合に適用できるものであり

$\delta \boldsymbol{r} = [\,\delta r_1 \cdots \delta r_m\,]^{\mathrm{T}} \in \boldsymbol{R}^m$：手先の仮想変位

$\delta \boldsymbol{\theta} = [\,\delta \theta_1 \cdots \delta \theta_n\,]^{\mathrm{T}} \in \boldsymbol{R}^n$：関節の仮想変位

$\boldsymbol{F} = [\,f_1 \cdots f_m\,]^{\mathrm{T}} \in \boldsymbol{R}^m$：手先力

$\boldsymbol{\tau} = [\,\tau_1 \cdots \tau_n\,]^{\mathrm{T}} \in \boldsymbol{R}^n$：関節駆動力

とする。マニピュレータの場合の仮想仕事は，マニピュレータに加わる力が手先力の反作用力として $-\boldsymbol{F}$ で表されることに注意すると

$$\delta W = \boldsymbol{\tau}^{\mathrm{T}} \delta \boldsymbol{\theta} + (-\boldsymbol{F})^{\mathrm{T}} \delta \boldsymbol{r} \tag{5.6}$$

で表される。これより，仮想仕事の原理を適用すると

$$\boldsymbol{\tau}^{\mathrm{T}} \delta \boldsymbol{\theta} + (-\boldsymbol{F})^{\mathrm{T}} \delta \boldsymbol{r} = 0 \tag{5.7}$$

を得る。ここで，手先の仮想変位 $\delta \boldsymbol{r}$ と関節の仮想変位 $\delta \boldsymbol{\theta}$ の間の関係は，ヤコビ行列を用いると

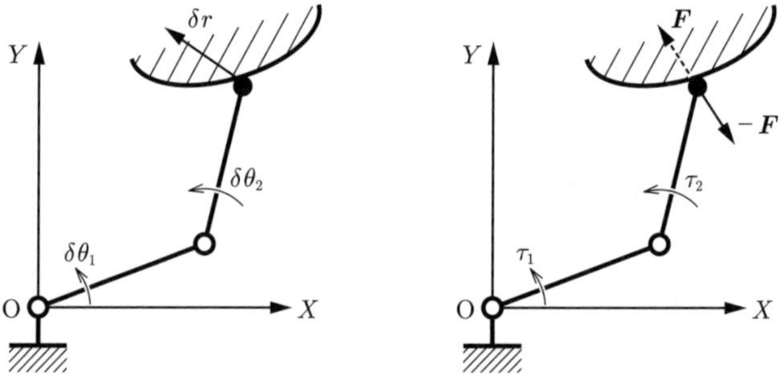


(a)　仮想変位　　　(b)　マニピュレータに加わる力

**図 5.3**　マニピュレータの仮想変位とマニピュレータに加わる力

$$\delta \boldsymbol{r} = \boldsymbol{J}\delta\boldsymbol{\theta} \tag{5.8}$$

と表すことができる。式 (5.8) を式 (5.7) に代入し，共通因数の $\delta\boldsymbol{\theta}$ をくくり出して次式を得る。

$$(\boldsymbol{\tau}^{\mathrm{T}} - \boldsymbol{F}^{\mathrm{T}}\boldsymbol{J})\delta\boldsymbol{\theta} = 0 \tag{5.9}$$

この式が任意の $\delta\boldsymbol{\theta}$ について成り立つことから

$$\boldsymbol{\tau}^{\mathrm{T}} - \boldsymbol{F}^{\mathrm{T}}\boldsymbol{J} = 0$$

が成立する。さらに，左辺第 2 項を移項して両辺の転置をとり，つぎの**静力学関係式**（equation of statics）を得る。

$$\boldsymbol{\tau} = \boldsymbol{J}^{\mathrm{T}}\boldsymbol{F} \tag{5.10}$$

式 (5.10) は，マニピュレータが静止している状態において手先力 $\boldsymbol{F}$ を発生するための駆動力 $\boldsymbol{\tau}$ を表している。

なお，関節に摩擦が存在する場合には，式 (5.10) のかわりに次式が成立する。

$$\boldsymbol{\tau} - \boldsymbol{\tau}_f = \boldsymbol{J}^{\mathrm{T}}\boldsymbol{F} \tag{5.11}$$

ただし，$\boldsymbol{\tau}_f = [\,\tau_{f1}\ \cdots\ \tau_{fn}\,]^{\mathrm{T}} \in \boldsymbol{R}^n$ は関節に働く摩擦力を表す。

## 5.2 静力学関係式の物理的意味

### 5.2.1 2DOF マニピュレータ

---

**例題 5.2** 2DOF マニピュレータが図 **5.4** に示すように $\theta_1 = 0\,[\mathrm{rad}]$, $\theta_2 = \pi/2\,[\mathrm{rad}]$ の姿勢をとるとき，$\boldsymbol{F}_A = [\,f_x\ 0\,]^{\mathrm{T}}$，または $\boldsymbol{F}_B = [\,0\ \ f_y\,]^{\mathrm{T}}$ の手先力を発生するための駆動力 $\boldsymbol{\tau}_A, \boldsymbol{\tau}_B$ をそれぞれ求めよ。

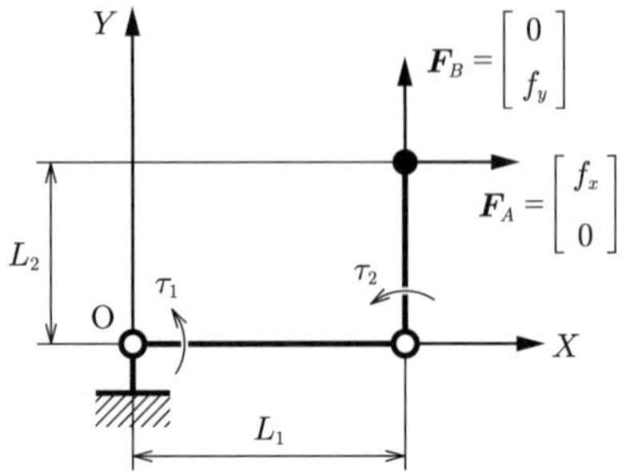


図 **5.4**　$\boldsymbol{F}_A$ あるいは $\boldsymbol{F}_B$ を発生させる駆動力は？

---

【解答】　関節角が与えられた姿勢であるとき

$$\boldsymbol{J} = \begin{bmatrix} -L_1S_1 - L_2S_{12} & -L_2S_{12} \\ L_1C_1 + L_2C_{12} & L_2C_{12} \end{bmatrix} = \begin{bmatrix} -L_2 & -L_2 \\ L_1 & 0 \end{bmatrix}$$

となるので

$$\boldsymbol{\tau}_A = \boldsymbol{J}^{\mathrm{T}}\boldsymbol{F}_A = \begin{bmatrix} -L_2 & L_1 \\ -L_2 & 0 \end{bmatrix} \begin{bmatrix} f_x \\ 0 \end{bmatrix} = \begin{bmatrix} -L_2 f_x \\ -L_2 f_x \end{bmatrix}$$

$$\boldsymbol{\tau}_B = \boldsymbol{J}^{\mathrm{T}}\boldsymbol{F}_B = \begin{bmatrix} -L_2 & L_1 \\ -L_2 & 0 \end{bmatrix} \begin{bmatrix} 0 \\ f_y \end{bmatrix} = \begin{bmatrix} L_1 f_y \\ 0 \end{bmatrix}$$

を得る。ただし，$C_1 = \cos\theta_1$，$S_1 = \sin\theta_1$，$C_{12} = \cos(\theta_1 + \theta_2)$，$S_{12} = \sin(\theta_1 + \theta_2)$ である。　◇

例題 5.2 において，駆動力の大きさが，手先力の大きさと手先力の作用線までの距離の積になっていることに注意されたい。

### 5.2.2　並進 2DOF マニピュレータ

図 3.1 を少し修正し，静力学に必要な諸量を記入した並進マニピュレータを図 **5.5** に示す。

このマニピュレータの静力学関係式と転置ヤコビ行列は，$\boldsymbol{F} = [f_x \ f_y]^{\mathrm{T}}$，$\boldsymbol{\tau} = [f_1 \ f_2]^{\mathrm{T}}$ とすると，5.1.2 項の結果と式 (4.18) より次式で表される。

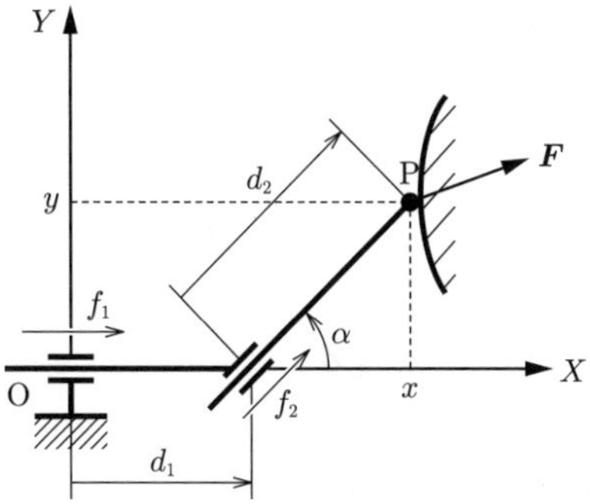


**図 5.5** 並進 2DOF マニピュレータと静力学に必要な諸量

$$\boldsymbol{\tau} = \boldsymbol{J}^{\mathrm{T}} \boldsymbol{F} \tag{5.12}$$

$$\boldsymbol{J}^{\mathrm{T}} = \begin{bmatrix} 1 & 0 \\ C_\alpha & S_\alpha \end{bmatrix} \tag{5.13}$$

ただし，4 章までと同様に，$C_\alpha = \cos\alpha$，$S_\alpha = \sin\alpha$ である。

さて，式 (5.12) と式 (5.13) の物理的意味を考えよう。いま

$$\boldsymbol{J}^{\mathrm{T}} = \begin{bmatrix} \boldsymbol{J}_1^{\mathrm{T}} \\ \boldsymbol{J}_2^{\mathrm{T}} \end{bmatrix} \tag{5.14}$$

とすると，式 (5.13), (5.14) より

$$\begin{cases} \boldsymbol{J}_1^{\mathrm{T}} = [\,1 \quad 0\,] \\ \boldsymbol{J}_2^{\mathrm{T}} = [\,C_\alpha \ S_\alpha\,] \end{cases} \tag{5.15}$$

となる。このとき，式 (5.12) より次式を得る。

$$\begin{cases} f_1 = \boldsymbol{J}_1^{\mathrm{T}} \boldsymbol{F} \\ f_2 = \boldsymbol{J}_2^{\mathrm{T}} \boldsymbol{F} \end{cases} \tag{5.16}$$

一方，式 (5.15) より，$\boldsymbol{J}_1$ と $\boldsymbol{J}_2$ の大きさは，次式に示すようにともに 1 である。

$$\|\boldsymbol{J}_1\| = \|\boldsymbol{J}_2\| = 1 \tag{5.17}$$

よって，**図 5.6** に示すように，$f_1$ と $f_2$ はそれぞれ $\boldsymbol{F}$ の $\boldsymbol{J}_1$ 方向への射影成分

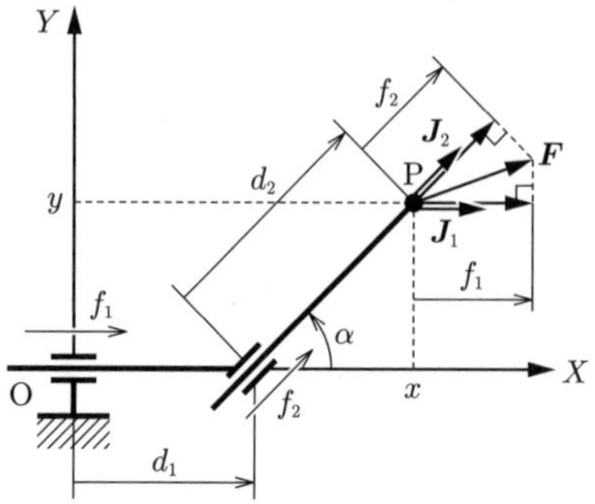


図 **5.6**　並進 2DOF マニピュレータの
静力学関係式の物理的意味

と $\boldsymbol{J}_2$ 方向への射影成分となる。

### 5.2.3　2DOF マニピュレータ（回転＋並進）

図 **5.7** に静力学に必要な諸量を記入した 2DOF マニピュレータを示す。このマニピュレータの静力学関係式は以下の式で表される。

$$\boldsymbol{\tau} = \boldsymbol{J}^{\mathrm{T}} \boldsymbol{F} \tag{5.18}$$

$$\boldsymbol{J}^{\mathrm{T}} = \begin{bmatrix} -d_2 S_1 & d_2 C_1 \\ C_1 & S_1 \end{bmatrix} \tag{5.19}$$

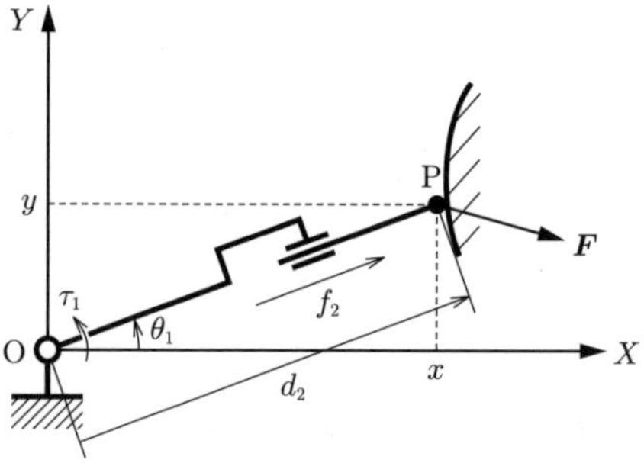


図 **5.7**　2DOF マニピュレータ（回転＋並進）と
静力学に必要な諸量

$$\begin{cases} \boldsymbol{J}^{\mathrm{T}} = \begin{bmatrix} \boldsymbol{J}_1^{\mathrm{T}} \\ \boldsymbol{J}_2^{\mathrm{T}} \end{bmatrix} \\ \boldsymbol{J}_i \in \boldsymbol{R}^{2\times 1} \quad (i = 1, 2) \end{cases} \tag{5.20}$$

とすると

$$\begin{cases} \boldsymbol{J}_1^{\mathrm{T}} = [\, -d_2 S_1 \;\; d_2 C_1 \,] \\ \boldsymbol{J}_2^{\mathrm{T}} = [\, C_1 \;\; S_1 \,] \end{cases} \tag{5.21}$$

であるので，次式が成立する。

$$\tau_1 = \boldsymbol{J}_1^{\mathrm{T}} \boldsymbol{F} = -d_2 S_1 f_x + d_2 C_1 f_y \tag{5.22}$$

$$f_2 = \boldsymbol{J}_2^{\mathrm{T}} \boldsymbol{F} = C_1 f_x + S_1 f_y \tag{5.23}$$

式 (5.22) と式 (5.23) の物理的意味を考えよう。並進関節の駆動力 $f_2$ は，式 (5.21) より $\|J_2\| = 1$ であるので，**図 5.8** に示すように手先力 $\boldsymbol{F}$ の $\boldsymbol{J}_2$ 方向への射影成分となる。一方，回転関節の駆動力 $\tau_1$ については

$$\begin{aligned} \overrightarrow{\mathrm{OP}} \times \boldsymbol{F} &= \begin{bmatrix} d_2 C_1 \\ d_2 S_1 \end{bmatrix} \times \begin{bmatrix} f_x \\ f_y \end{bmatrix} \\ &= -d_2 S_1 f_x + d_2 C_1 f_y \end{aligned} \tag{5.24}$$

であるので，式 (5.22) と式 (5.24) を比べて

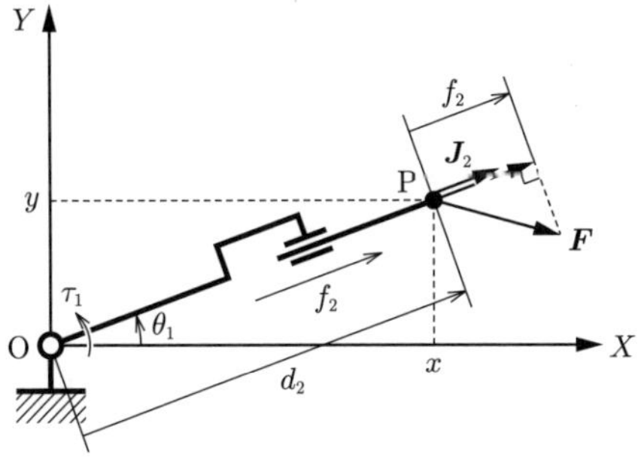


**図 5.8** 2DOF マニピュレータ（回転+並進）の静力学関係式の物理的意味

$$\tau_1 = \overrightarrow{\mathrm{OP}} \times \boldsymbol{F} \tag{5.25}$$

を得る。すなわち，$\tau_1$ は $\overrightarrow{\mathrm{OP}}$ と $\boldsymbol{F}$ の外積という物理的意味をもつ。

ただし，式 (5.24)，(5.25) 中の演算子「×」は，任意の二次元ベクトル $\boldsymbol{a} \in \boldsymbol{R}^2$，$\boldsymbol{b} \in \boldsymbol{R}^2$ に対して，三次元ベクトルどうしの外積 $[\,\boldsymbol{a}^{\mathrm{T}}\ 0]^{\mathrm{T}} \times [\,\boldsymbol{b}^{\mathrm{T}}\ 0]^{\mathrm{T}}$ で得られるベクトルの第 3 成分（スカラ）を求めるものであることに注意されたい。

## 5.3　一般のマニピュレータにおける静力学関係式

### 5.3.1　マニピュレータ内の静力学関係式

5.2 節で示した静力学関係式の物理的意味を，一般のマニピュレータに対して考えよう。

ここでは，4.3 節のヤコビ行列を用いた次式の静力学関係式を考える。

$$\boldsymbol{\tau} = \boldsymbol{J}_v^{\mathrm{T}} \boldsymbol{F} \tag{5.26}$$

この式は，5.1 節で説明した仮想仕事の原理を用いた静力学関係式の導出と同じ方法により，式 (4.36) の速度の関係式から求められるものである。

式 (5.26) に式 (4.37)，(4.38) を代入すると，第 $i$ 要素に対応する式は

$$\begin{aligned}\tau_i &= \begin{bmatrix} (\boldsymbol{e}_{Zi} \times \boldsymbol{p}_{iP})^{\mathrm{T}} & \boldsymbol{e}_{Zi}^{\mathrm{T}} \end{bmatrix} \begin{bmatrix} \boldsymbol{f} \\ \boldsymbol{n} \end{bmatrix} \\ &= (\boldsymbol{e}_{Zi} \times \boldsymbol{p}_{iP})^{\mathrm{T}} \boldsymbol{f} + \boldsymbol{e}_{Zi}^{\mathrm{T}} \boldsymbol{n} \quad \text{（回転関節の場合）}\end{aligned} \tag{5.27}$$

または

$$\tau_i = \boldsymbol{e}_{Zi}^{\mathrm{T}} \boldsymbol{f} \quad \text{（並進関節の場合）} \tag{5.28}$$

となる。ただし，

$$\boldsymbol{F} = \begin{bmatrix} \boldsymbol{f} \\ \boldsymbol{n} \end{bmatrix} \in \boldsymbol{R}^6 \tag{5.29}$$

は，手先の並進力 $\boldsymbol{f}\,(\in \boldsymbol{R}^3)$ とモーメント $\boldsymbol{n}\,(\in \boldsymbol{R}^3)$ からなる手先力である。

ここで，ベクトルのスカラ三重積を考えると，回転関節の場合の式 (5.27) は次式のようになる。

$$\begin{aligned}\tau_i &= \boldsymbol{e}_{Zi}^{\mathrm{T}}\,(\,\boldsymbol{p}_{iP}\times\boldsymbol{f}\,)+\boldsymbol{e}_{Zi}^{\mathrm{T}}\,\boldsymbol{n}\\ &= \boldsymbol{e}_{Zi}^{\mathrm{T}}\,(\,\boldsymbol{p}_{iP}\times\boldsymbol{f}+\boldsymbol{n}\,)\end{aligned} \tag{5.30}$$

すなわち，$\tau_i$ は，$\boldsymbol{f}$ により関節位置に生じるモーメントと，関節位置にそのまま伝わるモーメントの和を関節軸方向に射影したものとなる。また，並進関節の場合は，$\boldsymbol{e}_{Zi}$ に対する $\boldsymbol{f}$ のみの射影となる。

これらの結果は，5.2 節の平面マニピュレータに対する物理的な意味と合致するものである。

---

**例題 5.3**　回転関節を一つもつ**図 5.9** の 1DOF マニピュレータの関節軸の向き $\boldsymbol{e}_{Z1}$，第 1 関節位置 $\mathrm{O_B}$ から手先位置 P に向かう位置ベクトル $\boldsymbol{p}_{1P}$ が，例題 4.2 とそれぞれ同じであり，また，手先力 $\boldsymbol{F}$(並進力 $\boldsymbol{f}$ とモーメント $\boldsymbol{n}$) が三次元空間においてそれぞれ以下のように与えられるとき，$\boldsymbol{F}$ により生じる第 1 関節の駆動力 $\tau_1$ を求め，その物理的意味について考察せよ。

$$\boldsymbol{f}=\begin{bmatrix}0\,[\mathrm{N}]\\1\,[\mathrm{N}]\\0\,[\mathrm{N}]\end{bmatrix} \tag{5.31}$$

$$\boldsymbol{n}=\begin{bmatrix}0\,[\mathrm{Nm}]\\0\,[\mathrm{Nm}]\\1\,[\mathrm{Nm}]\end{bmatrix} \tag{5.32}$$

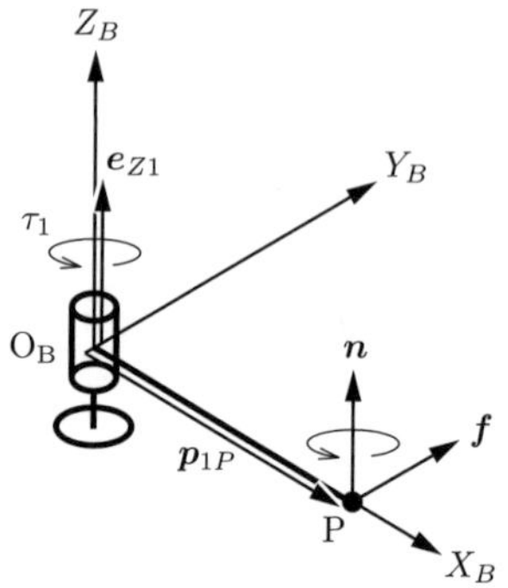


**図 5.9**　1DOF マニピュレータの静力学関係式

---

**【解答】**　回転関節の軸上にある $\mathrm{O_B}$ に作用するモーメントを $\boldsymbol{n}_1$ とすると，式 (5.30)，および式 (4.40) の $\boldsymbol{p}_{1P}$ より，$\boldsymbol{n}_1$ は以下となる。

$$\begin{aligned} \boldsymbol{n}_1 &= \boldsymbol{p}_{1P} \times \boldsymbol{f} + \boldsymbol{n} \\ &= \begin{bmatrix} 2 \\ 0 \\ 0 \end{bmatrix} \times \begin{bmatrix} 0 \\ 1 \\ 0 \end{bmatrix} + \begin{bmatrix} 0 \\ 0 \\ 1 \end{bmatrix} = \begin{bmatrix} 0\,[\mathrm{Nm}] \\ 0\,[\mathrm{Nm}] \\ 3\,[\mathrm{Nm}] \end{bmatrix} \end{aligned} \qquad (5.33)$$

この $\boldsymbol{n}_1$，および式 (5.30) を用いて，つぎの $\tau_1$ を得る。

$$\begin{aligned} \tau_1 &= \boldsymbol{e}_{Z1}^{\mathrm{T}} \boldsymbol{n}_1 \\ &= \begin{bmatrix} 0 & 0 & 1 \end{bmatrix} \begin{bmatrix} 0 \\ 0 \\ 3 \end{bmatrix} = 3\,[\mathrm{Nm}] \end{aligned} \qquad (5.34)$$

この結果がもつ物理的な意味を考察する。静力学関係式における回転関節の関節駆動力 $\tau_1$ は，並進力 $\boldsymbol{f}$ とモーメント $\boldsymbol{n}$ で構成される手先力 $\boldsymbol{F}$ が関節位置に生じさせるモーメント（ベクトル）によって生じる。また，静力学関係式における関節駆動力 $\tau_1$ の大きさは，そのモーメント（ベクトル）の大きさだけでなく，モーメント（ベクトル）の向きと回転関節の軸の向きによって左右されることになる。
◇

### 5.3.2　同一リンク（剛体）上の力の等価変換

6 章の動力学で使用するため，**図 5.10** のような同一リンク（剛体）上の異な

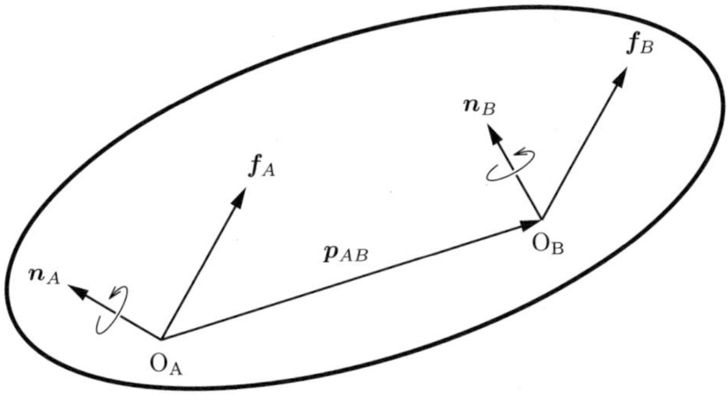


**図 5.10**　同一リンク（剛体）上の力とモーメントの等価変換

る 2 点に作用する並進力とモーメントの等価変換を考えよう。いま，$\mathrm{O_A}$ に作用する力とモーメントをそれぞれ $\boldsymbol{f}_A$ と $\boldsymbol{n}_A$ とし，また，$\mathrm{O_B}$ に作用する力とモーメントをそれぞれ $\boldsymbol{f}_B$ と $\boldsymbol{n}_B$ とすると，式 (5.35) と式 (5.36) が成り立つ。

$$\boldsymbol{f}_A = \boldsymbol{f}_B \tag{5.35}$$

$$\boldsymbol{n}_A = \boldsymbol{n}_B + \boldsymbol{p}_{AB} \times \boldsymbol{f}_B \tag{5.36}$$

よって，式 (5.35) と式 (5.36)，および式 (4.48) を用いて，次式を得る。

$$\begin{bmatrix} \boldsymbol{f}_A \\ \boldsymbol{n}_A \end{bmatrix} = \begin{bmatrix} \boldsymbol{E}_3 & 0 \\ [\boldsymbol{p}_{AB}\times] & \boldsymbol{E}_3 \end{bmatrix} \begin{bmatrix} \boldsymbol{f}_B \\ \boldsymbol{n}_B \end{bmatrix} \tag{5.37}$$

この式 (5.37) と，式 (4.53) および式 (4.49) を用いて次式を得る。

$$\begin{bmatrix} \boldsymbol{f}_A \\ \boldsymbol{n}_A \end{bmatrix} = \boldsymbol{J}_{AB}^{\mathrm{T}} \begin{bmatrix} \boldsymbol{f}_B \\ \boldsymbol{n}_B \end{bmatrix} \tag{5.38}$$

この式 (5.38) と式 (4.52) の間に，双対性が成立していることに注意されたい。

## 章　末　問　題

**【1】**　図 **5.11** の 2DOF マニピュレータ（並進+回転）の静力学関係式を求め，その

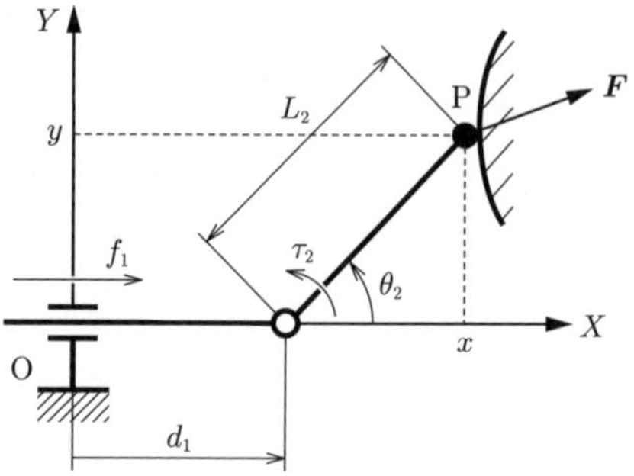


図 **5.11**　2DOF マニピュレータ（並進+回転）の静力学

物理的意味を説明せよ。ただし，諸量は以下の通りである。

$f_1$：並進関節（第 1 関節）の関節駆動力

$\tau_2$：回転関節（第 2 関節）の関節駆動力

$\boldsymbol{\tau}\ = [f_1\ \tau_2]^{\mathrm{T}}$：関節駆動力

$\boldsymbol{F}\ = [f_x\ f_y]^{\mathrm{T}}$：手先力

なお，運動学に関する諸量は 3 章の章末問題【**1**】を参照されたい。

【**2**】 図 3.4 の 3DOF マニピュレータが図 **5.12** に示すように $\theta_1 = 0\,[\mathrm{rad}]$，$\theta_2 = \pi/2\,[\mathrm{rad}]$，$\theta_3 = \pi/2\,[\mathrm{rad}]$ の姿勢をとるとき，$\boldsymbol{F}_A = [f_x\ 0\ 0]^{\mathrm{T}}$，$\boldsymbol{F}_B = [0\ f_y\ 0]^{\mathrm{T}}$，または $\boldsymbol{F}_C = [0\ 0\ N]^{\mathrm{T}}$ の手先力を発生するための駆動力 $\boldsymbol{\tau}_A$，$\boldsymbol{\tau}_B$，$\boldsymbol{\tau}_C$ をそれぞれ求めよ。ただし，$N$ はモーメントを表す。

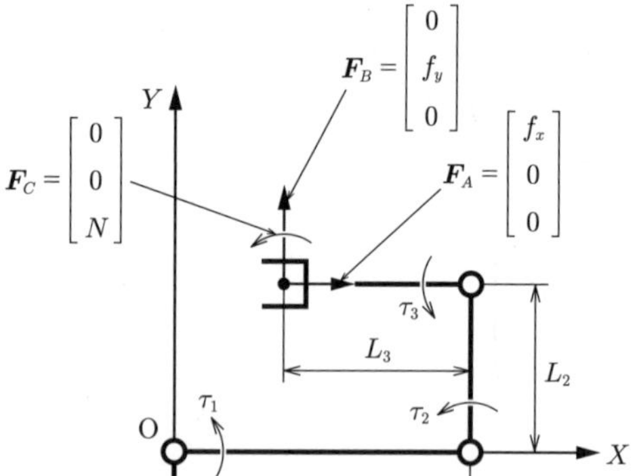


図 **5.12**　$\boldsymbol{F}_A$，$\boldsymbol{F}_B$ あるいは $\boldsymbol{F}_C$ を発生させる駆動力は？

# 6　動　力　学

## 6.1　マニピュレータの運動方程式と慣性モーメント

### 6.1.1　並進運動における質量と回転運動における慣性モーメント

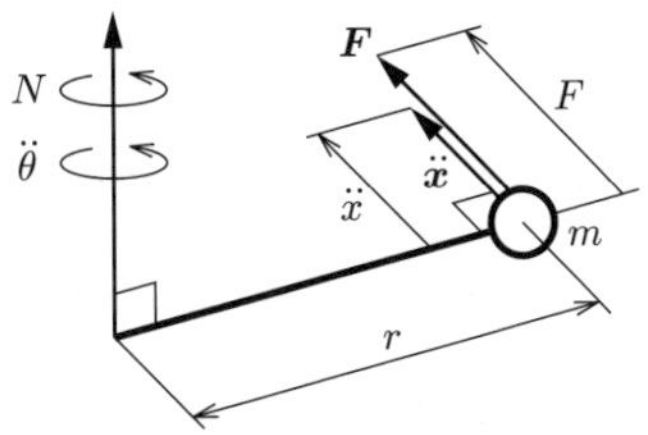


**図 6.1**　並進運動の回転運動としての解釈

まずはじめに，**図 6.1** を用いて質点の並進運動を回転運動に解釈しなおすことにより，慣性モーメントの物理的な意味を明らかにしよう。質量 $m$ の質点に力 $\boldsymbol{F}$ のみが作用するときの並進運動は，運動方向のスカラ量で考えると

$$m\ddot{x} = F \tag{6.1}$$

と表すことができる。ただし，$\ddot{x}$ は加速度，$F$ は力を表す。この運動を，質量が無視できる長さ $r$ の棒を用いた回転運動と見なすと，加速度と力に関して

$$\ddot{x} = r\ddot{\theta} \tag{6.2}$$

$$F = \frac{N}{r} \tag{6.3}$$

の関係が成り立つ。ただし，$\ddot{\theta}$ と $N$ は軸まわりの角加速度とモーメントである。

式 (6.2), (6.3) を式 (6.1) に代入し

$$mr^2\ddot{\theta} = N \tag{6.4}$$

を得る。式 (6.4) を書きなおすと

$$I\ddot{\theta} = N \tag{6.5}$$

$$I = mr^2 \tag{6.6}$$

となる。式 (6.5) は，質点が固定軸まわりに回転運動するときの運動方程式である。また，$I$ は並進運動における質量に相当するものであり，**慣性モーメント**（moment of inertia）と呼ばれる。

### 6.1.2　一様な棒の慣性モーメント

質量が連続的に分布している物体の慣性モーメントは，仮想的に微小物体に分解し，微小物体ごとの慣性モーメントを足しあわせればよい。この場合，微小物体の質量 $dm$ とその微小体積 $dV$ の関係が，密度 $\rho$ を用いて

$$dm = \rho\, dV \tag{6.7}$$

で表されるので，微小物体の慣性モーメント $dI$ は，式 (6.6), (6.7) より

$$dI = dmr^2 = \rho\, r^2 dV \tag{6.8}$$

と表される。よって，物体全体の慣性モーメントは，次式のように体積に関する積分値として求められる。

$$I = \int dI = \int \rho\, r^2 dV \tag{6.9}$$

---

**例題 6.1**　**図 6.2** に示す質量 $M$，長さ $L$ の一様な棒（太さは無視できるものとする）を，その一端まわりに回転させるときの慣性モーメント $I$ を求めよ。

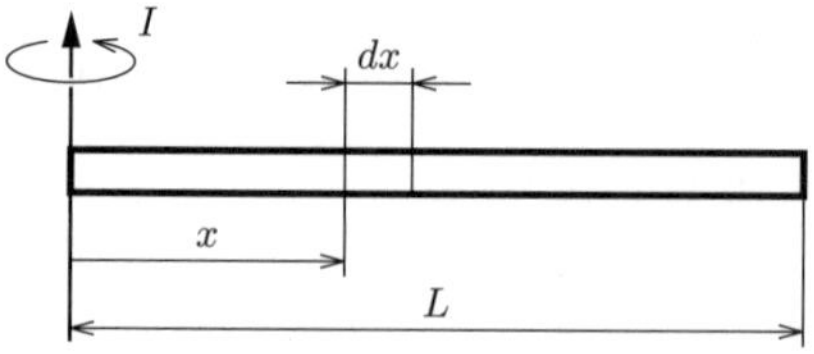


**図 6.2**　棒の一端まわりの慣性モーメント

---

【解答】 微小物体の質量は線密度 $\rho\,(= M/L)$ を用いて $dm = \rho\,dx$ と表されるので，その慣性モーメントは $dI = dmx^2 = \rho x^2 dx$ となる。よって，この $dI$ を長さ方向に積分して求めればよい。ゆえに

$$I = \int_0^L \rho x^2 dx = \left[ \frac{M}{L} \frac{x^3}{3} \right]_0^L = \frac{1}{3} ML^2 \tag{6.10}$$

となる。なお，ここでの $\rho$ は，単位体積当りの質量によって表される一般の密度とは異なることに注意されたい。◇

---

**例題 6.2**　例題 6.1 の棒を質量中心まわりに回転させるときの慣性モーメント $I_C$ を求めよ。

---

【解答】 質量中心が中心にある一様な棒であることから，棒の半分について求めて 2 倍すればよい。よって，$x$ を棒の中心からの距離とすると

$$I_C = 2\int_0^{\frac{L}{2}} \rho x^2 dx = 2\left[ \frac{M}{L} \frac{x^3}{3} \right]_0^{\frac{L}{2}} = \frac{1}{12} ML^2 \tag{6.11}$$

となる。◇

---

**例題 6.3**　例題 6.1 と例題 6.2 の結果が，**図 6.3** に示す**平行軸の定理**（parallel axis theorem）

$$I = I_C + Mh^2 \tag{6.12}$$

を満たしていることを確認せよ。ただし，$h$ は二つの回転軸間の距離である。

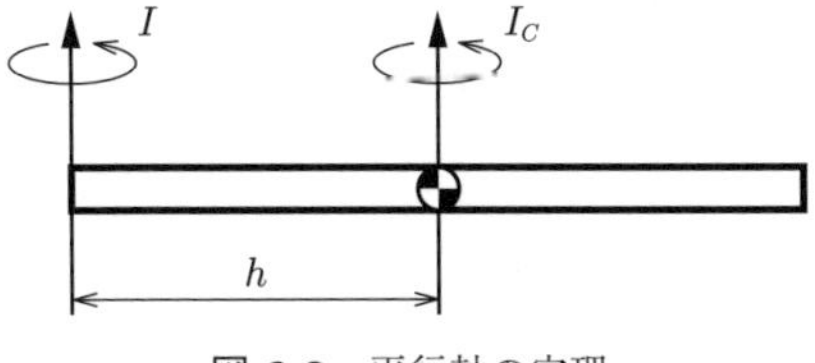


**図 6.3**　平行軸の定理

---

【解答】 $h = L/2$ を式 (6.12) の右辺に代入すると

$$I_C + Mh^2 = I_C + M\left(\frac{L}{2}\right)^2 = \frac{1}{12}ML^2 + \frac{1}{4}ML^2 = \frac{1}{3}ML^2 = I \tag{6.13}$$

を得る。よって式 (6.12) が成立する。　◇

式 (6.11) の $I_C$ が式 (6.10) の $I$ に比べて小さく，1/4 の値であることに注意されたい。

### 6.1.3　単一剛体のニュートンの運動方程式とオイラーの運動方程式

**図 6.4** に示す単一の剛体の**運動方程式**（equation of motion）は，次式で表される。

$$m\dot{\boldsymbol{v}}_C = \boldsymbol{F}_C \tag{6.14}$$

$$\boldsymbol{I}_C\dot{\boldsymbol{\omega}} + \boldsymbol{\omega} \times (\boldsymbol{I}_C\boldsymbol{\omega}) = \boldsymbol{N} \tag{6.15}$$

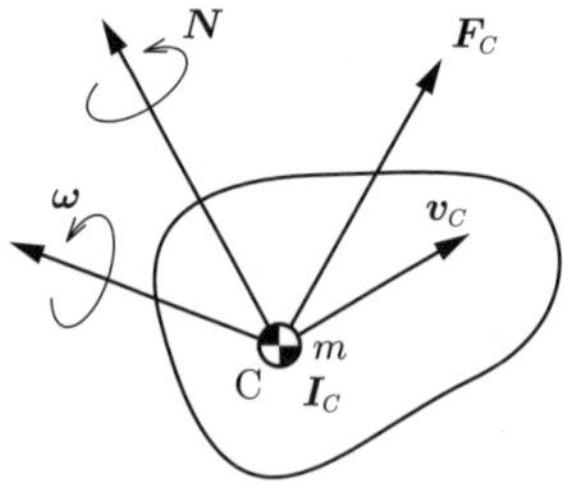


図 **6.4**　剛体の運動

ただし，$m$（スカラ）は剛体の質量，$\boldsymbol{I}_C \in \boldsymbol{R}^{3\times3}$ は質量中心 C まわりの**慣性行列**（inertia matrix），$\boldsymbol{F}_C$ は質量中心に作用する並進力，$\boldsymbol{N}$ はモーメント，$\boldsymbol{v}_C$ は質量中心の並進速度，$\boldsymbol{\omega}$ は角速度である。式 (6.14) および式 (6.15) はそれぞれ，**ニュートンの運動方程式**（Newton's equation of motion）および**オイラーの運動方程式**（Euler's equation of motion）と呼ばれる。$\boldsymbol{I}_C$ の各成分は，対応するモーメント成分と角加速度成分との間の慣性モーメントを表すものである。

## 6.2　ラグランジュ法とニュートン・オイラー法

### 6.2.1　ラグランジュ法

ここでは，**ラグランジュ法**（Lagrangian method）について説明する。1 自由度系に対する**ラグランジュの運動方程式**（Lagrange's equation of motion）

は次式で表されるものである。

$$\frac{d}{dt}\left(\frac{\partial L}{\partial \dot{q}}\right) - \frac{\partial L}{\partial q} = \tau \tag{6.16}$$

ただし，$q$ は**一般化座標**（generalized coordinate），$\tau$ は**一般化力**（generalized force）であり

$$L = K - P \tag{6.17}$$

で表される。ここで，$L$ は**ラグランジアン**（Lagrangian），$K$ は運動エネルギー，$P$ はポテンシャルエネルギーである。

6.2.1 項の 1DOF マニピュレータについて具体的に求めると，$\theta$ を一般化座標として

$$K = \frac{1}{2}I\dot{\theta}^2$$
$$P = mgL_C \sin\theta$$
$$L = \frac{1}{2}I\dot{\theta}^2 - mgL_C \sin\theta$$

となり

$$\frac{\partial L}{\partial \dot{\theta}} = I\dot{\theta}$$
$$\frac{\partial L}{\partial \theta} = -mgL_C \cos\theta$$

であるので，式 (6.16) の一般化座標を $\theta$ と置き換えたうえで代入して次式を得る。

$$I\ddot{\theta} + mgL_C \cos\theta = \tau \tag{6.18}$$

これは，6.2.1 項の結果と一致するものである。

ラグランジュ法により一般の多自由度マニピュレータの運動方程式を求める手順は以下の通りである。

**(1) 一般化座標 $\boldsymbol{q_i}$ と一般化力 $\boldsymbol{\tau_i}$ の決定**　対象とするマニピュレータの運動を記述できるような一般化座標 $q_i$ の組を決定する。この一般化座標は，た

がいに独立している必要があるので，決定する一般化座標の数はマニピュレータの運動自由度 $n$ と同じになる。また，決定したそれぞれの一般化座標とかけあわせて仕事となるような一般化力 $\tau_i$ を決定する。

**(2)　ラグランジアン $\boldsymbol{L}$ の算出**　　対象とするマニピュレータの運動エネルギー $K$ と位置エネルギー $P$ を手順 (1) で決定した一般化座標の関数として算出する。この際，つぎのように，各リンクの質量中心の位置やその速度を用いると求めやすい。

a.　一般化座標を用いて，各リンクの質量中心の位置と速度を算出する。

b.　各リンクの質量中心の位置と速度を用いて，$K$ と $P$ を算出する。

c.　$K$ と $P$ を用いて，次式によりラグランジアン $L$ を算出する。

$$L = K - P \tag{6.19}$$

**(3)　ラグランジュの運動方程式の解答**　　手順 (2) c で算出した $L$ をつぎのラグランジュの運動方程式に代入し，運動自由度ごとの運動方程式を導出する。このことを,「ラグランジュの運動方程式を解く」と表現する場合がある。

$$\frac{d}{dt}\left(\frac{\partial L}{\partial \dot{q}_i}\right) - \frac{\partial L}{\partial q_i} = \tau_i \quad (i = 1, 2, \cdots, n) \tag{6.20}$$

これにより，マニピュレータの自由度数と同じ数の運動方程式を得る。各式は第 $i$ 一般化力に関する運動方程式である。

**(4)　単一の運動方程式への整理**　　手順 (3) で得られる $n$ 個の運動方程式を単一の運動方程式に整理する。この際，一般化座標ベクトル $\boldsymbol{q} = [\, q_1 \; q_2 \; \cdots \; q_n \,]^{\mathrm{T}} \in \boldsymbol{R}^n$ やその時間微分である $\dot{\boldsymbol{q}}$ や $\ddot{\boldsymbol{q}}$，一般化ベクトル $\boldsymbol{\tau} = [\, \tau_1 \; \tau_2 \; \cdots \; \tau_n \,]^{\mathrm{T}} \in \boldsymbol{R}^n$ を用いる。マニピュレータの運動方程式は一般に，つぎの形式にまとめることができる。

$$\boldsymbol{M}(\boldsymbol{q})\,\ddot{\boldsymbol{q}} + \boldsymbol{c}(\boldsymbol{q}, \dot{\boldsymbol{q}}) + \boldsymbol{g}(\boldsymbol{q}) = \boldsymbol{\tau} \tag{6.21}$$

ここで，$\boldsymbol{M}(\boldsymbol{q})\,\ddot{\boldsymbol{q}}$ は**慣性力項**（inertial force term），$\boldsymbol{c}(\boldsymbol{q}, \dot{\boldsymbol{q}})$ は**遠心力・コリオリ力項**（centrifugal force and Coriolis force term），$\boldsymbol{g}(\boldsymbol{q})$ はマニピュレー

タに加わる**重力項**（gravity force term）であり，遠心力・コリオリ力項と重力項とをあわせたものは**非線形項**（nonlinear term）と呼ぶ。また，$\boldsymbol{M}(\boldsymbol{q})$ は慣性行列である。なお，手先外力 $\boldsymbol{F}_E$ が作用するときには，式 (6.21) の右辺の駆動力に手先外力の項が加わり，運動方程式は次式のようになる。

$$\boldsymbol{M}(\boldsymbol{q})\,\ddot{\boldsymbol{q}} + \boldsymbol{c}(\boldsymbol{q}, \dot{\boldsymbol{q}}) + \boldsymbol{g}(\boldsymbol{q}) = \boldsymbol{\tau} + \boldsymbol{J}^{\mathrm{T}}\boldsymbol{F}_E \tag{6.22}$$

### 6.2.2 ニュートン・オイラー法

ここでは，**図 6.5** の 1DOF マニピュレータの運動方程式を求めよう。この場合，関節軸によりリンクの運動が制約されるので，式 (6.15) の運動方程式を固定軸まわりの運動を表すものとして考えればよい。

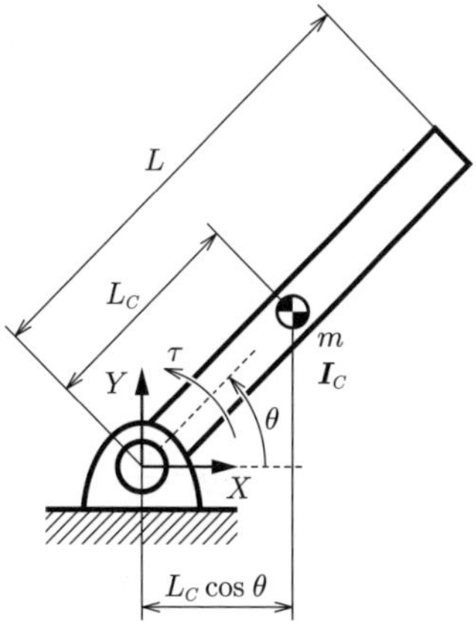


図 **6.5** 1DOF マニピュレータ

関節軸まわりの慣性モーメントを $\boldsymbol{I}$ とし，紙面の垂直上向き方向に $z$ 軸をとると，$\boldsymbol{\omega} = [0\ \ 0\ \ \dot{\theta}]^{\mathrm{T}}$, $\dot{\boldsymbol{\omega}} = [0\ \ 0\ \ \ddot{\theta}]^{\mathrm{T}}$ であり，また

$$\begin{cases} \boldsymbol{I}\dot{\boldsymbol{\omega}} = \begin{bmatrix} * \\ * \\ I\ddot{\theta} \end{bmatrix} \\ \boldsymbol{\omega} \times \boldsymbol{I}\boldsymbol{\omega} = \begin{bmatrix} 0 \\ 0 \\ \dot{\theta} \end{bmatrix} \times \begin{bmatrix} * \\ * \\ I\dot{\theta} \end{bmatrix} = \begin{bmatrix} * \\ * \\ 0 \end{bmatrix} \end{cases} \tag{6.23}$$

であることから，回転運動の 3 成分に対する運動方程式として

$$
\begin{bmatrix} * \\ * \\ I\ddot{\theta} \end{bmatrix} + \begin{bmatrix} * \\ * \\ 0 \end{bmatrix} = \begin{bmatrix} * \\ * \\ \tau - mgL_C \cos\theta \end{bmatrix} \tag{6.24}
$$

が成り立つ。ただし，$g$ は重力加速度定数であり，$\boldsymbol{I} \in \boldsymbol{R}^{3\times 3}$ は関節軸まわりの慣性モーメント $I$ を第 3 行第 3 列要素にもつ慣性行列である。なお，式 (6.24) の左辺の $*$ には，$\boldsymbol{\omega}, \dot{\boldsymbol{\omega}}, \boldsymbol{I}$ によって定まる必ずしも 0 でない値が入り，それらは関節軸を傾けようとする力（モーメント）を表す。また，式 (6.24) の右辺の $*$ には，それらの関節軸を傾けようとする力とつりあう拘束力（拘束モーメント）を表す値が入る。式 (6.24) から $z$ 成分の回転のみを抜き出すと，次式が得られる。

$$
I\ddot{\theta} + mgL_C \cos\theta = \tau \tag{6.25}
$$

ただし

$$
I = I_C + mL_C^2 \tag{6.26}
$$

である。式 (6.26) の導出については，例題 6.3 を参照されたい。

一般のマニピュレータは複数の剛体が関節で結合されたリンク機構であり，剛体系としての扱いが必要となる。これについて，マニピュレータの運動方程式を，個々のリンクの運動とリンクに加わる力に着目して求める方法が報告されている[11)]。

## 6.3　ラグランジュ法による運動方程式の導出

### 6.3.1　並進 2DOF マニピュレータの運動方程式

3 章で示した図 3.1 を少し修正し，動力学に必要な諸量を記入した並進マニピュレータを**図 6.6** に示す。3.1.1 項と同様に，$d_i\,(i=1,2)$ は並進関節の関節変数，$x$ と $y$ はマニピュレータの手先位置の $X$ 座標と $Y$ 座標である。また，$\alpha\,(\neq 0)$ は，$X$ 軸の正方向から反時計回りに見たときの第 2 リンクの向きを表す定数で

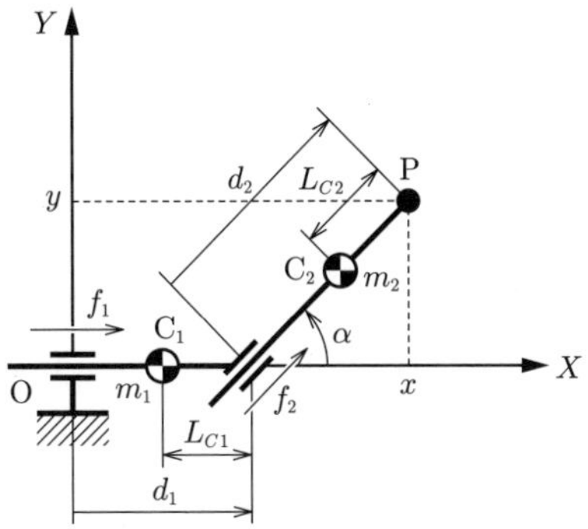


**図 6.6** 並進 2DOF マニピュレータと動力学に必要な諸量

ある。ここでは，重力が $Y$ 軸負方向に作用するとする。また，$f_i\,(i=1,2)$ は第 $i$ 並進関節の関節駆動力，$m_i\,(i=1,2)$ は第 $i$ リンクの質量，$L_{Ci}\,(i=1,2)$ は第 $i$ リンクの質量中心 $\mathrm{C}_i$ の位置を表す距離である。ここで，$L_{Ci}$ の定義を行う際，第 $i$ 関節からの距離とせずに，第 $i$ リンクの先端からの距離としていることに注意されたい。また，並進関節のみをもつマニピュレータの場合，リンクの慣性モーメントを用いる必要がないことにも注意されたい。

まず，6.2.2 項の手順 (1) として，マニピュレータの関節変数 $d_i\,(i=1,2)$ を一般化座標とし，関節駆動力 $f_i\,(i=1,2)$ を一般化力とする。つぎに，手順 (2) a として第 $i$ リンクの質量中心の位置 $\boldsymbol{p}_{Ci}\,(i=1,2)$ を求めると次式のようになる。

$$\left\{\begin{aligned} \boldsymbol{p}_{C1} &= \begin{bmatrix} d_1 - L_{C1} \\ 0 \end{bmatrix} \\ \boldsymbol{p}_{C2} &= \begin{bmatrix} d_1 + (d_2 - L_{C2})C_\alpha \\ (d_2 - L_{C2})S_\alpha \end{bmatrix} \end{aligned}\right. \tag{6.27}$$

これより，第 $i$ リンクの質量中心の速度 $\dot{\boldsymbol{p}}_{Ci}\,(i=1,2)$ は次式のようになる。

$$\left\{\begin{aligned} \dot{\boldsymbol{p}}_{C1} &= \begin{bmatrix} \dot{d}_1 \\ 0 \end{bmatrix} \\ \dot{\boldsymbol{p}}_{C2} &= \begin{bmatrix} \dot{d}_1 + C_\alpha \dot{d}_2 \\ S_\alpha \dot{d}_2 \end{bmatrix} \end{aligned}\right. \tag{6.28}$$

これらを用いて，手順 (2) b としてマニピュレータ全体の運動エネルギー $K$ と位置エネルギー $P$ を求めるとつぎのようになる。

$$\begin{aligned} K &= K_1 + K_2 \\ &= \frac{1}{2} m_1 \dot{\boldsymbol{p}}_{C1}^{\mathrm{T}} \dot{\boldsymbol{p}}_{C1} + \frac{1}{2} m_2 \dot{\boldsymbol{p}}_{C2}^{\mathrm{T}} \dot{\boldsymbol{p}}_{C2} \\ &= \frac{1}{2} m_1 \dot{d}_1^2 + \frac{1}{2} m_2 (\dot{d}_1^2 + 2\, C_\alpha \dot{d}_1 \dot{d}_2 + \dot{d}_2^2) \end{aligned} \tag{6.29}$$

$$\begin{aligned} P &= P_1 + P_2 \\ &= m_1\, g \times 0 + m_2\, g\, S_\alpha (d_2 - L_{C2}) \\ &= m_2\, g\, S_\alpha (d_2 - L_{C2}) \end{aligned} \tag{6.30}$$

ただし，$g$ は重力加速度定数である。手順 (2) c で求めるラグランジアン $L$ は，式 (6.29), (6.30) を式 (6.19) に代入してつぎのように求められる。

$$\begin{aligned} L &= K - P \\ &= \frac{1}{2} m_1 \dot{d}_1^2 + \frac{1}{2} m_2 (\dot{d}_1^2 + 2\, C_\alpha \dot{d}_1 \dot{d}_2 + \dot{d}_2^2) - m_2\, g\, S_\alpha (d_2 - L_{C2}) \end{aligned} \tag{6.31}$$

手順 (3) として，この $L$ を式 (6.20) に代入して次式を得る。

$$\begin{cases} (m_1 + m_2)\, \ddot{d}_1 + m_2\, C_\alpha \ddot{d}_2 = f_1 \\ m_2\, C_\alpha \ddot{d}_1 + m_2 \ddot{d}_2 + m_2\, g\, S_\alpha = f_2 \end{cases} \tag{6.32}$$

式 (6.32) の二つの式は，並進 2DOF マニピュレータの運動方程式を表しているが，手順 (4) として，これらをまとめて次式を得る。

$$\boldsymbol{M} \ddot{\boldsymbol{d}} + \boldsymbol{g} = \boldsymbol{f} \tag{6.33}$$

$$\begin{cases} \boldsymbol{M} = \begin{bmatrix} m_1 + m_2 & m_2\, C_\alpha \\ m_2\, C_\alpha & m_2 \end{bmatrix} \\ \boldsymbol{g} = \begin{bmatrix} 0 \\ m_2\, g\, S_\alpha \end{bmatrix} \end{cases} \tag{6.34}$$

ただし，$\ddot{\boldsymbol{d}}=[\,\ddot{d}_1\ \ddot{d}_2\,]^{\mathrm{T}}$ は関節加速度，$\boldsymbol{f}=[\,f_1\ f_2\,]^{\mathrm{T}}$ は関節駆動力である。また，$\boldsymbol{M}$ は慣性行列，$\boldsymbol{g}$ は重力項である。ここで，式 (6.33), (6.34) の物理的意味を考えよう。$\boldsymbol{M}$ の非対角成分の $m_2\,C_\alpha$ は，$f_1$ によって $\ddot{d}_2$ が生じる際の慣性，あるいは，$f_2$ によって $\ddot{d}_1$ が生じる際の慣性を表すので，動力学的干渉の度合を表すものとなる。特に $\alpha=\pi/2$ のときには，この $m_2\,C_\alpha$ が 0 となって動力学的干渉がなくなり，$\boldsymbol{M}$ が対角行列となる。このとき，式 (6.32) は

$$\begin{cases}(m_1+m_2)\,\ddot{d}_1=f_1\\ m_2\,\ddot{d}_2+m_2\,g=f_2\end{cases}\tag{6.35}$$

となり，第 1 関節と第 2 関節がたがいに干渉しないことがわかる。一方，重力項については，$\alpha=0$ のとき $\boldsymbol{g}=\boldsymbol{0}$ となって関節に作用する重力がなくなる。また，$\alpha=\pi/2$ のとき $\boldsymbol{g}=[\,0\quad m_2\,g\,]^{\mathrm{T}}$ となり，第 2 関節には第 2 リンクの重量がそのまま重力として作用する。なお，$\boldsymbol{g}$ の第 1 成分がつねに 0 となる理由は，重力の $f_1$ 方向への射影成分が 0 となるためである。

### 6.3.2　2DOF マニピュレータ（回転＋並進）の運動方程式

動力学に必要な諸量を記入した 2DOF マニピュレータを図 **6.7** に示す。このマニピュレータの運動方程式を求めよう。

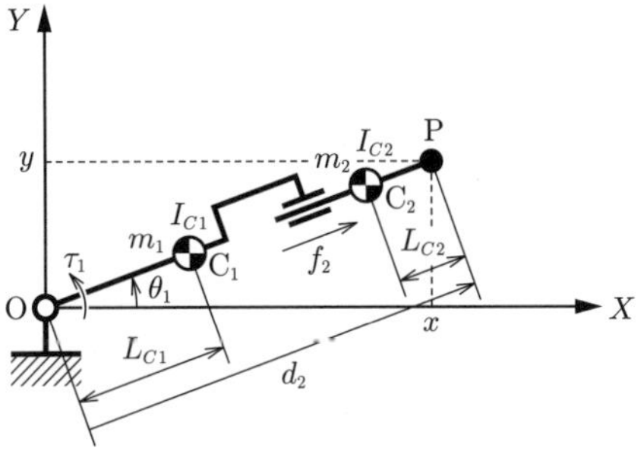


**図 6.7**　2DOF マニピュレータ（回転＋並進）と動力学に必要な諸量

まず，手順 (1) として，マニピュレータの関節変数 $\theta_1, d_2$ を一般化座標とし，関節駆動力 $\tau_1, f_2$ を一般化力とする。つぎに，手順 (2) a として第 $i$ リンクの

質量中心の位置 $\boldsymbol{p}_{Ci}\,(i=1,2)$ を求めると

$$\begin{cases} \boldsymbol{p}_{C1} = \begin{bmatrix} L_{C1}C_1 \\ L_{C1}S_1 \end{bmatrix} \\ \boldsymbol{p}_{C2} = \begin{bmatrix} (d_2 - L_{C2})C_1 \\ (d_2 - L_{C2})S_1 \end{bmatrix} \end{cases} \tag{6.36}$$

となり，第 $i$ リンクの質量中心の速度 $\dot{\boldsymbol{p}}_{Ci}\,(i=1,2)$ は

$$\begin{cases} \dot{\boldsymbol{p}}_{C1} = \begin{bmatrix} -L_{C1}S_1\dot{\theta}_1 \\ L_{C1}C_1\dot{\theta}_1 \end{bmatrix} \\ \dot{\boldsymbol{p}}_{C2} = \begin{bmatrix} -(d_2 - L_{C2})S_1\dot{\theta}_1 + C_1\dot{d}_2 \\ (d_2 - L_{C2})C_1\dot{\theta}_1 + S_1\dot{d}_2 \end{bmatrix} \end{cases} \tag{6.37}$$

となる。これらを用いて，手順 (2) b としてマニピュレータ全体の運動エネルギー $K$ と位置エネルギー $P$ を求めるとつぎのようになる。

$$\begin{aligned} K &= K_1 + K_2 \\ &= \frac{1}{2}m_1\,\dot{\boldsymbol{p}}_{C1}^{\mathrm{T}}\,\dot{\boldsymbol{p}}_{C1} + \frac{1}{2}I_{C1}\dot{\theta}_1^2 + \frac{1}{2}m_2\,\dot{\boldsymbol{p}}_{C2}^{\mathrm{T}}\,\dot{\boldsymbol{p}}_{C2} + \frac{1}{2}I_{C2}\dot{\theta}_1^2 \\ &= \frac{1}{2}m_1 L_{C1}^2\dot{\theta}_1^2 + \frac{1}{2}I_{C1}\dot{\theta}_1^2 \\ &\quad + \frac{1}{2}m_2\{(d_2 - L_{C2})^2\,\dot{\theta}_1^2 + \dot{d}_2^2\} + \frac{1}{2}I_{C2}\dot{\theta}_1^2 \end{aligned} \tag{6.38}$$

$$\begin{aligned} P &= P_1 + P_2 \\ &= m_1\,gL_{C1}S_1 + m_2\,g\,(d_2 - L_{C2})S_1 \end{aligned} \tag{6.39}$$

ここで，各リンクの運動エネルギーが質量中心の並進運動の運動エネルギーと質量中心まわりの回転運動の運動エネルギーの和で表されることに注意されたい。手順 (2) c として，ラグランジアン $L$ はつぎのように求められる。

$$\begin{aligned} L &= K - P \\ &= \frac{1}{2}\{m_1 L_{C1}^2 + I_{C1} + m_2\,(d_2 - L_{C2})^2 + I_{C2}\}\,\dot{\theta}_1^2 \end{aligned}$$

$$
+\frac{1}{2}m_2\,\dot{d}_2^2 - \{m_1 L_{C1} + m_2\,(d_2 - L_{C2})\}\,gS_1 \tag{6.40}
$$

手順 (3) として，この $L$ を式 (6.20) に代入して次式を得る。

$$
\begin{cases}
\{m_1 L_{C1}^2 + I_{C1} + m_2\,(d_2 - L_{C2})^2 + I_{C2}\}\,\ddot{\theta}_1 + 2\,m_2\,(d_2 - L_{C2})\,\dot{\theta}_1\dot{d}_2 \\
\quad + \{m_1 L_{C1} + m_2\,(d_2 - L_{C2})\}\,g\,C_1 = \tau_1 \\
m_2\,\ddot{d}_2 - m_2\,(d_2 - L_{C2})\,\dot{\theta}_1^2 + m_2\,g\,S_1 = f_2
\end{cases} \tag{6.41}
$$

手順 (4) として，これらをまとめて次式を得る。

$$
\boldsymbol{M}(\boldsymbol{\theta})\,\ddot{\boldsymbol{\theta}} + \boldsymbol{c}(\boldsymbol{\theta},\dot{\boldsymbol{\theta}}) + \boldsymbol{g}(\boldsymbol{\theta}) = \boldsymbol{\tau} \tag{6.42}
$$

$$
\boldsymbol{M}(\boldsymbol{\theta}) = \begin{bmatrix} m_1 {L_{C1}}^2 + I_{C1} + m_2\,(d_2 - L_{C2})^2 + I_{C2} & 0 \\ 0 & m_2 \end{bmatrix} \tag{6.43}
$$

$$
\boldsymbol{c}(\boldsymbol{\theta},\,\dot{\boldsymbol{\theta}}) = \begin{bmatrix} 2\,m_2\,(d_2 - L_{C2})\,\dot{\theta}_1\dot{d}_2 \\ -m_2\,(d_2 - L_{C2})\,\dot{\theta}_1^2 \end{bmatrix} \tag{6.44}
$$

$$
\boldsymbol{g}(\boldsymbol{\theta}) = \begin{bmatrix} \{m_1 L_{C1} + m_2(d_2 - L_{C2})\}\,g\,C_1 \\ m_2\,g\,S_1 \end{bmatrix} \tag{6.45}
$$

ただし，$\boldsymbol{\theta} = [\theta_1\ \ d_2]^{\mathrm{T}}$，$\boldsymbol{\tau} = [\tau_1\ \ f_2]^{\mathrm{T}}$ である。この運動方程式の物理的意味を考察しよう。$\boldsymbol{M}(\boldsymbol{\theta})$ の非対角成分は 0 であるので，慣性力における動力学的干渉はない。また，$\boldsymbol{c}(\boldsymbol{\theta},\dot{\boldsymbol{\theta}})$ は遠心力・コリオリ力項であり，第 1 成分はコリオリ力，第 2 成分は遠心力となっている。また，$\boldsymbol{g}(\boldsymbol{\theta})$ は重力項であり，$\theta_1 = 0$ のときは第 2 成分が 0，$\theta_1 - \pi/2$ のときには第 1 成分が 0 となり，直感的な考察とも照らしあわせやすい結果である。

### 6.3.3 2DOF マニピュレータの運動方程式

以下では，図 **6.8** に示す 2DOF マニピュレータの運動方程式を導出する。

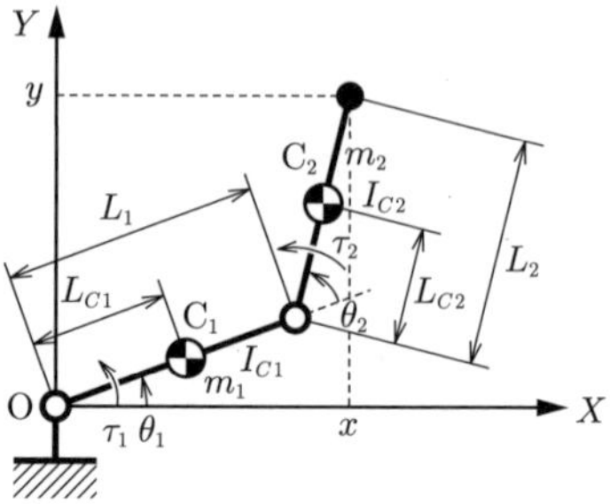


図 **6.8**　2DOF マニピュレータと動力学に必要な諸量

まず，手順 (1) として，マニピュレータの関節変数 $\theta_i\ (i = 1, 2)$ を一般化座標とし，関節駆動力 $\tau_i\ (i = 1, 2)$ を一般化力とする。つぎに，手順 (2) a として第 $i$ リンクの質量中心の位置 $\boldsymbol{p}_{Ci}\ (i = 1, 2)$ を求めると

$$\begin{cases} \boldsymbol{p}_{C1} = \begin{bmatrix} L_{C1}C_1 \\ L_{C1}S_1 \end{bmatrix} \\ \boldsymbol{p}_{C2} = \begin{bmatrix} L_1C_1 + L_{C2}C_{12} \\ L_1S_1 + L_{C2}S_{12} \end{bmatrix} \end{cases} \tag{6.46}$$

となり，第 $i$ リンクの質量中心の速度 $\dot{\boldsymbol{p}}_{Ci}\ (i = 1, 2)$ は

$$\begin{cases} \dot{\boldsymbol{p}}_{C1} = \begin{bmatrix} -L_{C1}S_1\dot{\theta}_1 \\ L_{C1}C_1\dot{\theta}_1 \end{bmatrix} \\ \dot{\boldsymbol{p}}_{C2} = \begin{bmatrix} -L_1S_1\dot{\theta}_1 - L_{C2}S_{12}(\dot{\theta}_1 + \dot{\theta}_2) \\ L_1C_1\dot{\theta}_1 + L_{C2}C_{12}(\dot{\theta}_1 + \dot{\theta}_2) \end{bmatrix} \end{cases} \tag{6.47}$$

となる。これらを用いて，手順 (2) b としてマニピュレータ全体の運動エネルギー $K$ と位置エネルギー $P$ を求めるとつぎのようになる。

$$\begin{aligned} K &= K_1 + K_2 \\ &= \frac{1}{2}m_1\,\dot{\boldsymbol{p}}_{C1}^{\mathrm{T}}\,\dot{\boldsymbol{p}}_{C1} + \frac{1}{2}I_{C1}\dot{\theta}_1^2 + \frac{1}{2}m_2\,\dot{\boldsymbol{p}}_{C2}^{\mathrm{T}}\,\dot{\boldsymbol{p}}_{C2} + \frac{1}{2}I_{C2}(\dot{\theta}_1 + \dot{\theta}_2)^2 \\ &= \frac{1}{2}m_1L_{C1}^2\dot{\theta}_1^2 + \frac{1}{2}I_{C1}\dot{\theta}_1^2 \end{aligned}$$

$$
\begin{aligned}
&+\frac{1}{2}m_2\left\{L_1^2\,\dot{\theta}_1^2+L_{C2}^2\,(\dot{\theta}_1+\dot{\theta}_2)^2+2\,L_1L_{C2}C_2\,(\dot{\theta}_1^2+\dot{\theta}_1\dot{\theta}_2)\right\}\\
&+\frac{1}{2}I_{C2}\,(\dot{\theta}_1+\dot{\theta}_2)^2
\end{aligned}
\tag{6.48}
$$

$$
\begin{aligned}
P &= P_1+P_2\\
&= m_1\,gL_{C1}S_1+m_2\,g\,(L_1S_1+L_{C2}S_{12})
\end{aligned}
\tag{6.49}
$$

ここで，各リンクの運動エネルギーが質量中心の並進運動の運動エネルギーと質量中心まわりの回転運動の運動エネルギーの和で表されることに注意されたい。手順 (2) c として，ラグランジアン $L$ はつぎのように求められる。

$$
\begin{aligned}
L &= K-P\\
&= \frac{1}{2}\{m_1L_{C1}^2+I_{C1}+m_2L_1^2+2\,m_2L_1L_{C2}C_2\}\,\dot{\theta}_1^2\\
&\quad+m_2L_1L_{C2}C_2\,\dot{\theta}_1\dot{\theta}_2+\frac{1}{2}(m_2\,L_{C2}^2+I_{C2})\,(\dot{\theta}_1+\dot{\theta}_2)^2\\
&\quad-m_1\,gL_{C1}S_1-m_2\,g\,(L_1S_1+L_{C2}S_{12})
\end{aligned}
\tag{6.50}
$$

手順 (3) として，この $L$ を式 (6.20) に代入して次式を得る。

$$M_{11}\ddot{\theta}_1+M_{12}\,\ddot{\theta}_2+c_1+g_1=\tau_1 \tag{6.51}$$

$$M_{21}\ddot{\theta}_1+M_{22}\,\ddot{\theta}_2+c_2+g_2=\tau_2 \tag{6.52}$$

ただし

$$M_{11}=m_1L_{C1}^2+I_{C1}+m_2\,(L_1^2+L_{C2}^2+2\,L_1L_{C2}C_2)+I_{C2} \tag{6.53}$$

$$M_{12}=m_2\,(L_{C2}^2+L_1L_{C2}C_2)+I_{C2} \tag{6.54}$$

$$M_{21}=M_{12} \tag{6.55}$$

$$M_{22}=m_2\,L_{C2}^2+I_{C2} \tag{6.56}$$

$$c_1=-m_2\,L_1L_{C2}S_2\,(\dot{\theta}_2^2+2\,\dot{\theta}_1\dot{\theta}_2) \tag{6.57}$$

$$c_2=m_2\,L_1L_{C2}S_2\,\dot{\theta}_1^2 \tag{6.58}$$

$$g_1=m_1g\,L_{C1}C_1+m_2\,g\,(L_1C_1+L_{C2}C_{12}) \tag{6.59}$$

$$g_2=m_2\,g\,L_{C2}C_{12} \tag{6.60}$$

である。手順 (4) として，これらをまとめて次式を得る。

$$\boldsymbol{M}(\boldsymbol{\theta})\,\ddot{\boldsymbol{\theta}} + \boldsymbol{c}(\boldsymbol{\theta},\dot{\boldsymbol{\theta}}) + \boldsymbol{g}(\boldsymbol{\theta}) = \boldsymbol{\tau} \tag{6.61}$$

ただし

$$\begin{cases} \boldsymbol{M}(\boldsymbol{\theta}) = \begin{bmatrix} M_{11} & M_{12} \\ M_{21} & M_{22} \end{bmatrix} \\ \boldsymbol{c}(\boldsymbol{\theta},\dot{\boldsymbol{\theta}}) = \begin{bmatrix} c_1 \\ c_2 \end{bmatrix} \\ \boldsymbol{g}(\boldsymbol{\theta}) = \begin{bmatrix} g_1 \\ g_2 \end{bmatrix} \end{cases} \tag{6.62}$$

である。

3 自由度以上の自由度をもつマニピュレータに対しても同じ方法で運動方程式を導出することができるが，自由度が多くなるにつれて演算量が急激に増加するという問題がある。これに対して，一つ一つのリンクの運動に着目して運動方程式を求めるニュートン・オイラー法は，自由度の多いマニピュレータにおいても計算量がそれほど増加せず，プログラミングしやすいアルゴリズムであるという利点がある。しかしながら，運動方程式が式 (6.61) のような形式でなく，一連の式の組合せとして導出されるため，慣性行列などを抜き出して求める場合には注意を要する。

## 6.4　ニュートン・オイラー法による運動方程式の導出

ここでは，**ニュートン・オイラー法** (Newton-Euler method) について説明する。ニュートン・オイラー法により回転関節をもつ多自由度（$i = 1, 2, \cdots, n; n$ は自由度数）マニピュレータの運動方程式を求める手順はつぎの (1)〜(5) の通りである。ただし，ここでは 2DOF マニピュレータの場合について例題と合わせて述べることにする。

**(1) ロボット機構の定義**　図 **6.9** の 2DOF マニピュレータについて考える。二つの関節はどちらも回転関節であり，各リンクの関節軸まわりの回転角はベース部から順に $\theta_i$ $(i = 1, 2)$ と表せる。

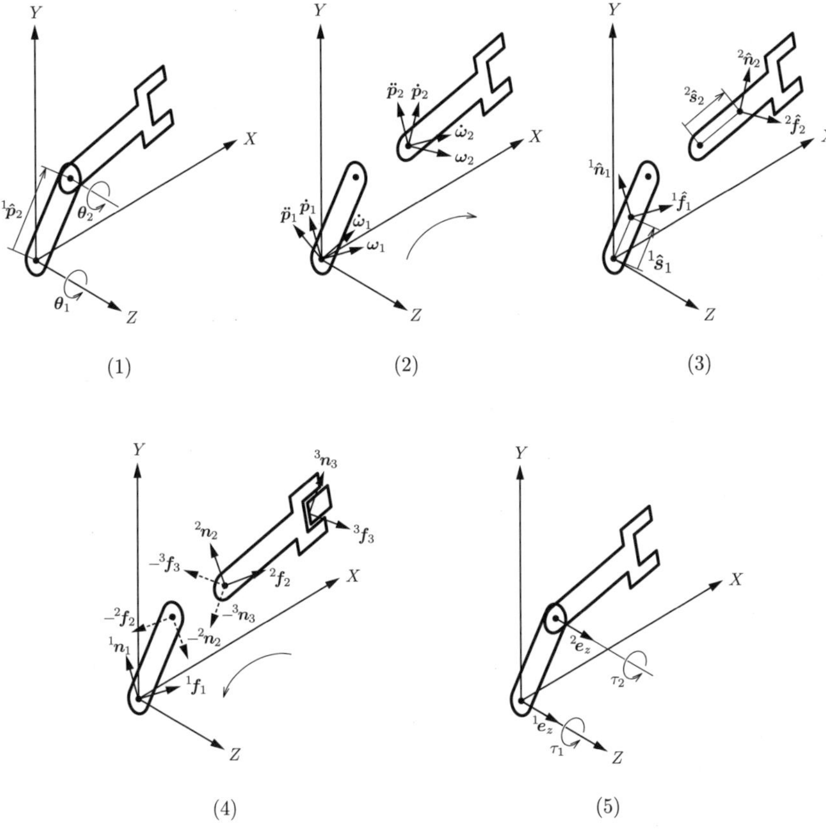


図 **6.9**　ニュートンオイラー法の手順

**(2) 角速度 $^i\boldsymbol{\omega}_i$，角加速度 $^i\dot{\boldsymbol{\omega}}_i$，並進加速度 $^i\ddot{\boldsymbol{p}}_i$ の決定**　ベース部から手先リンクに向かって順に，各リンク座標系 $\Sigma_i$ からみた第 $i$ 関節の角速度 $^i\boldsymbol{\omega}_i$，角加速度 $^i\dot{\boldsymbol{\omega}}_i$，並進加速度 $^i\ddot{\boldsymbol{p}}_i$ を求める。各関節角を $q_i$ とすると，$^i\boldsymbol{\omega}_i$，$^i\dot{\boldsymbol{\omega}}_i$ は姿勢変換行列 $^{i-1}\boldsymbol{R}_i$ を用いてつぎのように表される。ただし，$\Sigma_{i-1}$ からみた $\Sigma_i$ の角速度 $^i\boldsymbol{\omega}_{i,\,i-1}$ は $Z_i$ 軸方向の大きさ $\dot{q}_i$ の角速度であることから，$Z_i$ 軸

方向の基底ベクトル ${}^i\boldsymbol{e}_z = [0\ 0\ 1]^{\mathrm{T}}$ を用いて ${}^i\boldsymbol{e}_z\,\dot{q}_i$ と表されることに注意されたい。

$$ {}^i\boldsymbol{\omega}_i = {}^{i-1}\boldsymbol{R}_i^{\mathrm{T}\,i-1}\boldsymbol{\omega}_{i-1} + {}^i\boldsymbol{e}_z\dot{q}_i \tag{6.63} $$

$$ {}^i\dot{\boldsymbol{\omega}}_i = {}^{i-1}\boldsymbol{R}_i^{\mathrm{T}\,i-1}\dot{\boldsymbol{\omega}}_{i-1} + {}^i\boldsymbol{e}_z\ddot{q}_i + ({}^{i-1}\boldsymbol{R}_i^{\mathrm{T}\,i-1}\boldsymbol{\omega}_{i-1}) \times {}^i\boldsymbol{e}_z\dot{q}_i \tag{6.64} $$

ここで，式 (6.64) を導出する際，${}^{i-1}\boldsymbol{R}_i^{\mathrm{T}\ i-1}\boldsymbol{\omega}_{i-1}$ の時間微分についてはつぎの関係式を用いる。

$$ \begin{aligned} \frac{d}{dt}({}^{i-1}\boldsymbol{R}_i^{\mathrm{T}\,i-1}\boldsymbol{\omega}_{i-1}) &= {}^{i-1}\boldsymbol{R}_i^{\mathrm{T}}\,\frac{d}{dt}({}^{i-1}\boldsymbol{\omega}_{i-1}) \\ &\quad + \frac{d}{dt}({}^{i-1}\boldsymbol{R}_i^{\mathrm{T}})\,{}^{i-1}\boldsymbol{\omega}_{i-1} \end{aligned} \tag{6.65} $$

さらに，右辺の第 2 項は

$$ \begin{aligned} \frac{d}{dt}\left({}^{i-1}\boldsymbol{R}_i^{\mathrm{T}}\right){}^{i-1}\boldsymbol{\omega}_{i-1} &= \frac{d}{dt}\left({}^i\boldsymbol{R}_{i-1}\right)\,{}^{i-1}\boldsymbol{\omega}_{i-1} \\ &= {}^i\boldsymbol{\omega}_{i-1,\,i} \times \left({}^i\boldsymbol{R}_{i-1}\,{}^{i-1}\boldsymbol{\omega}_{i-1}\right) \\ &= -{}^i\boldsymbol{\omega}_{i,\,i-1} \times \left({}^i\boldsymbol{R}_{i-1}\,{}^{i-1}\boldsymbol{\omega}_{i-1}\right) \\ &= -{}^i\boldsymbol{e}_z\,\dot{q}_i \times \left({}^i\boldsymbol{R}_{i-1}\,{}^{i-1}\boldsymbol{\omega}_{i-1}\right) \\ &= \left({}^i\boldsymbol{R}_{i-1}\,{}^{i-1}\boldsymbol{\omega}_{i-1}\right) \times {}^i\boldsymbol{e}_z\,\dot{q}_i \\ &= \left({}^{i-1}\boldsymbol{R}_i^{\mathrm{T}\ i-1}\boldsymbol{\omega}_{i-1}\right) \times {}^i\boldsymbol{e}_z\,\dot{q}_i \end{aligned} \tag{6.66} $$

と変形できる。ただし，${}^i\boldsymbol{\omega}_{i-1,\,i}$ は，$\Sigma_i$ からみた $\Sigma_{i-1}$ の角速度であり，${}^i\boldsymbol{\omega}_{i-1,\,i} = -{}^i\boldsymbol{\omega}_{i,\,i-1}$ であることを用いている。よって，式 (6.65)，(6.66) から

$$ \begin{aligned} \frac{d}{dt}({}^{i-1}\boldsymbol{R}_i^{\mathrm{T}\ i-1}\boldsymbol{\omega}_{i-1}) &= {}^{i-1}\boldsymbol{R}_i^{\mathrm{T}}\,\frac{d}{dt}({}^{i-1}\boldsymbol{\omega}_{i-1}) \\ &\quad + ({}^{i-1}\boldsymbol{R}_i^{\mathrm{T}\ i-1}\boldsymbol{\omega}_{i-1}) \times {}^i\boldsymbol{e}_z\,\dot{q}_i \end{aligned} \tag{6.67} $$

を得る。ただし,「×」はベクトルの外積を求める演算子であることに注意されたい。一方，並進速度 ${}^i\dot{\boldsymbol{p}}_i$ はつぎのように表される。

$$ {}^{i}\dot{\boldsymbol{p}}_i = {}^{i-1}\boldsymbol{R}_i^{\mathrm{T}}\,{}^{i-1}\dot{\boldsymbol{p}}_{i-1} + {}^{i-1}\boldsymbol{R}_i^{\mathrm{T}}\left({}^{i-1}\boldsymbol{\omega}_{i-1} \times {}^{i-1}\hat{\boldsymbol{p}}_i\right) \tag{6.68} $$

ただし，${}^{i-1}\hat{\boldsymbol{p}}_i$ はリンク $i-1$ の原点 $\mathrm{O}_{i-1}$ からリンク $i$ の原点 $\mathrm{O}_i$ へ向かう定ベクトルである。式 (6.64) と同様に式 (6.67) を用いて式 (6.68) の時間微分を行うと，並進加速度 ${}^{i}\ddot{\boldsymbol{p}}_i$ は以下のように求められる。

$$ \begin{aligned} {}^{i}\ddot{\boldsymbol{p}}_i = {}^{i-1}\boldsymbol{R}_i^{\mathrm{T}}[&{}^{i-1}\ddot{\boldsymbol{p}}_{i-1} + {}^{i-1}\dot{\boldsymbol{\omega}}_{i-1} \times {}^{i-1}\hat{\boldsymbol{p}}_i \\ &+ {}^{i-1}\boldsymbol{\omega}_{i-1} \times ({}^{i-1}\boldsymbol{\omega}_{i-1} \times {}^{i-1}\hat{\boldsymbol{p}}_i)] \end{aligned} \tag{6.69} $$

**(3) 質量中心の並進力 ${}^{i}\hat{\boldsymbol{f}}_i$ および回転モーメント ${}^{i}\hat{\boldsymbol{n}}_i$ の算出**　外部から質量中心に加えられる並進力 ${}^{i}\hat{\boldsymbol{f}}_i$ および回転モーメント ${}^{i}\hat{\boldsymbol{n}}_i$ を，つぎのニュートンの運動方程式，およびオイラーの運動方程式より求める。

$$ m\ddot{\boldsymbol{s}} = \boldsymbol{F} \tag{6.70} $$

$$ \boldsymbol{I}\,\dot{\boldsymbol{\omega}} + \boldsymbol{\omega} \times (\boldsymbol{I}\,\boldsymbol{\omega}) = \boldsymbol{N} \tag{6.71} $$

ここで，$\ddot{\boldsymbol{s}}$ は質量中心の加速度，$\boldsymbol{I}$ は慣性テンソルである。$\ddot{\boldsymbol{s}}$ は，リンク $i$ の座標系 $\Sigma_i$ の原点からリンク $i$ の質量中心へのベクトルを表した $\hat{\boldsymbol{s}}$ と手順 (1) の算出結果から次式のように表される。

$$ {}^{i}\ddot{\boldsymbol{s}}_i = {}^{i}\ddot{\boldsymbol{p}}_i + {}^{i}\dot{\boldsymbol{\omega}}_i \times {}^{i}\hat{\boldsymbol{s}}_i + {}^{i}\boldsymbol{\omega}_i \times ({}^{i}\boldsymbol{\omega}_i \times {}^{i}\hat{\boldsymbol{s}}_i) \tag{6.72} $$

したがって，${}^{i}\hat{\boldsymbol{f}}_i$ と ${}^{i}\hat{\boldsymbol{n}}_i$ は，式 (6.70) と式 (6.72)，および式 (6.71) から

$$ {}^{i}\hat{\boldsymbol{f}}_i = m_i\,{}^{i}\ddot{\boldsymbol{s}}_i \tag{6.73} $$

$$ {}^{i}\hat{\boldsymbol{n}}_i = {}^{i}\boldsymbol{I}_i\,{}^{i}\dot{\boldsymbol{\omega}}_i + {}^{i}\boldsymbol{\omega}_i \times ({}^{i}\boldsymbol{I}_i\,{}^{i}\boldsymbol{\omega}_i) \tag{6.74} $$

で与えられる。

**(4) 各関節に加わる力 ${}^{i}\boldsymbol{f}_i$ およびモーメント ${}^{i}\boldsymbol{n}_i$ の算出**　把持した対象物等から手先に加わる力 ${}^{n}\boldsymbol{f}_n$ とモーメント ${}^{n}\boldsymbol{n}_n$ が与えられるとし，これらから，各関節に加えられる力 ${}^{i}\boldsymbol{f}_i$ およびモーメント ${}^{i}\boldsymbol{n}_i$ を求める。リンク $i-1$ からリンク $i$ に加わる力とモーメントは，リンク $i$ からリンク $i+1$ に加わる力とモーメント，および手順 (3) で得た ${}^{i}\hat{\boldsymbol{f}}_i$ と ${}^{i}\hat{\boldsymbol{s}}_i$ からつぎのように与えられる。

$$
{}^{i}\boldsymbol{f}_{i} = {}^{i}\boldsymbol{R}_{i+1}{}^{i+1}\boldsymbol{f}_{i+1} + {}^{i}\hat{\boldsymbol{f}}_{i} \tag{6.75}
$$

$$
\begin{aligned}
{}^{i}\boldsymbol{n}_{i} = {}^{i}\boldsymbol{R}_{i+1}{}^{i+1}\boldsymbol{n}_{i+1} + {}^{i}\hat{\boldsymbol{n}}_{i} + {}^{i}\hat{\boldsymbol{s}}_{i} \times {}^{i}\hat{\boldsymbol{f}}_{i} \\
+ {}^{i}\hat{\boldsymbol{p}}_{i+1} \times ({}^{i}\boldsymbol{R}_{i+1}{}^{i+1}\boldsymbol{f}_{i+1})
\end{aligned} \tag{6.76}
$$

**(5)　運動方程式の導出**　　各関節に加えられるべき駆動力 $\tau_i$ は, 手順 (4) で算出した ${}^{i}\boldsymbol{n}_{i}$ の $Z$ 成分にあたるため，以下の式で表せる。ただし，${}^{i}\boldsymbol{e}_{z}$ は第 $i$ リンク座標系 $\Sigma_i$ の $Z$ 軸方向の基底ベクトルを表している。

$$
\tau_i = {}^{i}\boldsymbol{e}_{z}^{\mathrm{T}\,i}\boldsymbol{n}_{i} \tag{6.77}
$$

これより，ニュートン・オイラー法による運動方程式は自由度 $n$ に応じて与えられるものであることがわかる。ここでは回転関節の場合を示したが，直動関節の場合は手順 (2) の式が $\dot{q}_i$，$\ddot{q}_i$ の項について変化すること，および手順 (5) での ${}^{i}\boldsymbol{n}_{i}$ が ${}^{i}\boldsymbol{f}_{i}$ になることに注意されたい。

### 6.4.1　2DOF マニピュレータの運動方程式

ここでは，図 **6.10** の 2DOF マニピュレータの運動方程式を求めよう。まず，手順 (1) として，ロボット機構を定義する。この場合，関節軸によりリンクの運動が制限されているので，$Z$ 軸まわりの運動となる。よって，関節軸まわりの慣性モーメント $I_{zz}$ のみが運動方程式に関わるため，関わらない要素は $*$ で表すと慣性テンソル $\boldsymbol{I}$ はつぎのようになる。

$$
\boldsymbol{I} = \begin{bmatrix} * & * & * \\ * & * & * \\ * & * & I_{Ci} \end{bmatrix} \tag{6.78}
$$

そして姿勢変換行列 ${}^{i-1}\boldsymbol{R}_{i}$ は

$$
{}^{i-1}\boldsymbol{R}_{i} = \begin{bmatrix} \cos\theta_i & -\sin\theta_i & 0 \\ \sin\theta_i & \cos\theta_i & 0 \\ 0 & 0 & 1 \end{bmatrix} \tag{6.79}
$$

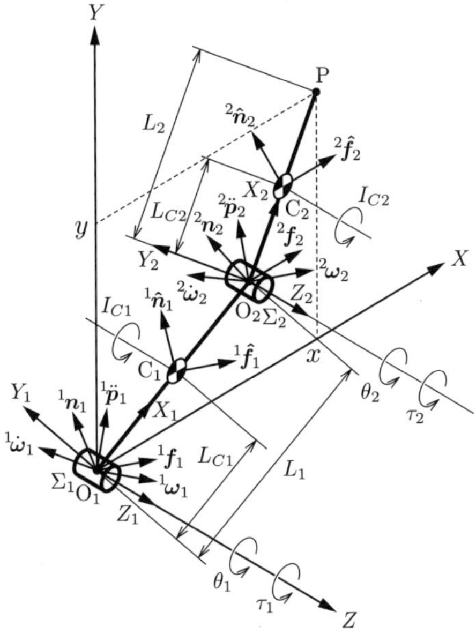


図 **6.10**　2DOF マニピュレータ

と与えられる。ここで，初期条件を以下に示す。

$$
{}^0\boldsymbol{\omega}_0 = \begin{bmatrix} 0 \\ 0 \\ 0 \end{bmatrix}, \quad {}^0\dot{\boldsymbol{\omega}}_0 = \begin{bmatrix} 0 \\ 0 \\ 0 \end{bmatrix}, \quad {}^0\ddot{\boldsymbol{p}}_0 = \begin{bmatrix} 0 \\ g \\ 0 \end{bmatrix}
$$

また, 終端条件は ${}^3\boldsymbol{f}_3 = 0, {}^3\boldsymbol{n}_3 = 0$ とする。

では，手順 (2) 以降に従って各パラメータを算出してみよう。まず，角速度 ${}^i\boldsymbol{\omega}_i$，角加速度 ${}^i\dot{\boldsymbol{\omega}}_i (i = 1,\, 2)$ は式 (6.63) と式 (6.64) から

$$
{}^1\boldsymbol{\omega}_1 = \begin{bmatrix} 0 \\ 0 \\ \dot{\theta}_1 \end{bmatrix}, \quad {}^2\boldsymbol{\omega}_2 = \begin{bmatrix} 0 \\ 0 \\ \dot{\theta}_1 + \dot{\theta}_2 \end{bmatrix} \tag{6.80}
$$

$$
{}^1\dot{\boldsymbol{\omega}}_1 = \begin{bmatrix} 0 \\ 0 \\ \ddot{\theta}_1 \end{bmatrix}, \quad {}^2\dot{\boldsymbol{\omega}}_2 = \begin{bmatrix} 0 \\ 0 \\ \ddot{\theta}_1 + \ddot{\theta}_2 \end{bmatrix} \tag{6.81}
$$

となる。これらを用いて，並進加速度 ${}^{i}\ddot{\boldsymbol{p}}_i$ は式 (6.69) から

$$
{}^{1}\ddot{\boldsymbol{p}}_1 = \begin{bmatrix} gS_1 \\ gC_1 \\ 0 \end{bmatrix} \tag{6.82}
$$

$$
{}^{2}\ddot{\boldsymbol{p}}_2 = \begin{bmatrix} gS_{12} - L_1(\dot{\theta}_1^2 C_2 - \ddot{\theta}_1 S_2) \\ gC_{12} + L_1(\dot{\theta}_1^2 S_2 - \ddot{\theta}_1 C_2) \\ 0 \end{bmatrix} \tag{6.83}
$$

を得る。つぎに手順 (3) を行うために ${}^{i}\ddot{\boldsymbol{s}}_i$ $(i = 1,\ 2)$ を式 (6.72) から求める。

$$
{}^{1}\ddot{\boldsymbol{s}}_1 = \begin{bmatrix} gS_1 - L_{C1}\dot{\theta}_1^2 \\ gC_1 + L_{C1}\ddot{\theta}_1 \\ 0 \end{bmatrix} \tag{6.84}
$$

$$
{}^{2}\ddot{\boldsymbol{s}}_2 = \begin{bmatrix} gS_{12} - L_1(\dot{\theta}_1^2 C_2 - \ddot{\theta}_1 S_2) - L_{C2}(\dot{\theta}_1 + \dot{\theta}_2)^2 \\ gC_{12} + L_1(\dot{\theta}_1^2 S_2 - \ddot{\theta}_1 C_2) + L_{C2}(\ddot{\theta}_1 + \ddot{\theta}_2) \\ 0 \end{bmatrix} \tag{6.85}
$$

以上の式を式 (6.73)，(6.74) に代入し，${}^{i}\hat{\boldsymbol{f}}_i$ と ${}^{i}\hat{\boldsymbol{n}}_i$ をつぎのように求める。

$$
{}^{1}\hat{\boldsymbol{f}}_1 = m_1 {}^{1}\ddot{\boldsymbol{s}}_1, \quad {}^{2}\hat{\boldsymbol{f}}_2 = m_2 {}^{2}\ddot{\boldsymbol{s}}_2 \tag{6.86}
$$

$$
{}^{1}\hat{\boldsymbol{n}}_1 = \begin{bmatrix} * \\ * \\ I_{C1}\ddot{\theta}_1 \end{bmatrix}, \quad {}^{1}\hat{\boldsymbol{n}}_2 = \begin{bmatrix} * \\ * \\ I_{C2}(\ddot{\theta}_1 + \ddot{\theta}_2) \end{bmatrix} \tag{6.87}
$$

手順 (3) で得たパラメータを用いて，手順 (4) を式 (6.75) と式 (6.76) に従って行うと，手先からベース部に向かう順に求めるので以下のように $i = 2,\ 1$ の順に代入していく。

まず，${}^{i}f_i$ は以下のように求められる。

$$
{}^{2}\boldsymbol{f}_2 = {}^{2}\boldsymbol{R}_3 {}^{3}\boldsymbol{f}_3 + {}^{2}\hat{\boldsymbol{f}}_2 \tag{6.88}
$$

ここで，終端条件を用いると以下を得る。

$$
{}^2\boldsymbol{f}_2 = {}^2\hat{\boldsymbol{f}}_2 = m_2{}^2\ddot{\boldsymbol{s}}_2 \tag{6.89}
$$

$$
\begin{aligned}
{}^1\boldsymbol{f}_1 &= {}^1\boldsymbol{R}_2{}^2\boldsymbol{f}_2 + {}^1\hat{\boldsymbol{f}}_1 \\
&= \begin{bmatrix} C_2 & -S_2 & 0 \\ S_2 & C_2 & 0 \\ 0 & 0 & 1 \end{bmatrix} m_2{}^2\,\ddot{\boldsymbol{s}}_2 + m_1{}^1\,\ddot{\boldsymbol{s}}_1
\end{aligned} \tag{6.90}
$$

同様に ${}^i\boldsymbol{n}_i$ は以下のように求められる。

$$
\begin{aligned}
{}^2\boldsymbol{n}_2 &= {}^2\hat{\boldsymbol{n}}_2 + {}^2\hat{\boldsymbol{s}}_2 \times {}^2\hat{\boldsymbol{f}}_2 \\
&= \begin{bmatrix} * \\ * \\ I_{C2}(\ddot{\theta}_1 + \ddot{\theta}_2) \end{bmatrix} + \begin{bmatrix} L_{C2} \\ 0 \\ 0 \end{bmatrix} \times m_2{}^2\ddot{\boldsymbol{s}}_2 \\
&= \begin{bmatrix} * \\ * \\ I_{C2}(\ddot{\theta}_1 + \ddot{\theta}_2) + L_{C2}m_2\{gC_{12} + L_1(\dot{\theta}_1^2 S_2 - \ddot{\theta}_1 C_2) + L_{C2}(\ddot{\theta}_1 + \ddot{\theta}_2)\} \end{bmatrix}
\end{aligned} \tag{6.91}
$$

$$
\begin{aligned}
{}^1\boldsymbol{n}_1 &= {}^1\boldsymbol{R}_2{}^2\boldsymbol{n}_2 + {}^1\hat{\boldsymbol{n}}_1 + {}^1\hat{\boldsymbol{s}}_1 \times {}^1\hat{\boldsymbol{f}}_1 + {}^1\hat{\boldsymbol{p}}_2 \times ({}^1\boldsymbol{R}_2{}^2\boldsymbol{f}_2) \\
&= {}^1\boldsymbol{R}_2{}^2\boldsymbol{n}_2 + \begin{bmatrix} * \\ * \\ I_{C1}\ddot{\theta}_1 \end{bmatrix} + \begin{bmatrix} L_{C1} \\ 0 \\ 0 \end{bmatrix} \times m_1{}^1\ddot{\boldsymbol{s}}_1 + \begin{bmatrix} L_1 \\ 0 \\ 0 \end{bmatrix} \times ({}^1\boldsymbol{R}_2{}^2\boldsymbol{f}_2) \\
&= \begin{bmatrix} * \\ * \\ I_{C2}(\ddot{\theta}_1 + \ddot{\theta}_2) + L_{C2}m_2\{gC_{12} + L_1(\dot{\theta}_1^2 S_2 - \ddot{\theta}_1 C_2) + L_{C2}(\ddot{\theta}_1 + \ddot{\theta}_2)\} \\ +I_{C1}\ddot{\theta}_1 + m_1 L_{C1}(gC_1 + L_{C1}\ddot{\theta}_1 + m_2\{L_1^2\ddot{\theta}_1 + L_1 L_{C2}(\ddot{\theta}_1 + \ddot{\theta}_2)C_2 \\ -L_1 L_{C2}(\dot{\theta}_1 + \dot{\theta}_2)^2 S_2 + gL_1C_1\} \end{bmatrix}
\end{aligned} \tag{6.92}
$$

各リンクのトルク $\tau_i$ は，手順 (4) で求めた ${}^i\boldsymbol{n}_i$ の $Z$ 成分にあたるので，次式で示される。ただし，${}^1\boldsymbol{e}_z$ と ${}^2\boldsymbol{e}_z$ はそれぞれ，第 1，第 2 リンク座標系 $\Sigma_1, \Sigma_2$

の $Z$ 軸方向の基底ベクトルであるため，${}^1\boldsymbol{e}_z = {}^2\boldsymbol{e}_z = [0\ 0\ 1]^{\mathrm{T}}$ である。

$$\tau_1 = {}^1e_z^{\mathrm{T}\,1}\boldsymbol{n}_1, \quad \tau_2 = {}^2e_z^{\mathrm{T}\,2}\boldsymbol{n}_2 \tag{6.93}$$

以上，2DOF マニピュレータの運動方程式をニュートン・オイラー法より導出した。なお，摩擦を考慮する場合には次式のように，式 (6.93) の右辺に摩擦力の項 $\tau_{fi}$ を加えることとなる。

$$\tau_i = {}^i\boldsymbol{e}_z^{\mathrm{T}\,i}\boldsymbol{n}_i + \tau_{fi} \tag{6.94}$$

### 6.4.2　慣性行列 $\boldsymbol{M}(\boldsymbol{\theta})$ の導出

前節で求めた式 (6.93) とラグランジュ法により導出した 2DOF マニピュレータの運動方程式との対応をとり，結果が合致することを確かめる。まず，運動方程式は式 (6.21) から以下の式で表せる。

$$\boldsymbol{M}(\boldsymbol{\theta})\ddot{\boldsymbol{\theta}} + \boldsymbol{c}(\boldsymbol{\theta}, \dot{\boldsymbol{\theta}}) + \boldsymbol{g}(\boldsymbol{\theta}) = \boldsymbol{\tau} \tag{6.95}$$

$$\begin{bmatrix} M_{11} & M_{12} \\ M_{21} & M_{22} \end{bmatrix} \begin{bmatrix} \ddot{\theta}_1 \\ \ddot{\theta}_2 \end{bmatrix} + \begin{bmatrix} c_1(\boldsymbol{\theta}, \dot{\boldsymbol{\theta}}) \\ c_2(\boldsymbol{\theta}, \dot{\boldsymbol{\theta}}) \end{bmatrix} + \begin{bmatrix} g_1(\boldsymbol{\theta}) \\ g_2(\boldsymbol{\theta}) \end{bmatrix} = \begin{bmatrix} \tau_1 \\ \tau_2 \end{bmatrix} \tag{6.96}$$

式 (6.93) の右辺を，式 (6.95) の左辺の慣性力項 $\boldsymbol{M}(\boldsymbol{\theta})\ddot{\boldsymbol{\theta}}$，遠心力・コリオリ力項 $\boldsymbol{c}(\boldsymbol{\theta}, \dot{\boldsymbol{\theta}})$，重力項 $\boldsymbol{g}(\boldsymbol{\theta})$ に分ける必要がある。ここで，コリオリ力項が速度の 2 乗項であること，重力項が重力加速度 $g$ を含む項であることを留意されたい。このため，慣性力項の慣性行列 $\boldsymbol{M}(\boldsymbol{\theta})$ を導出するには，速度の 2 乗項および重力加速度 $g$ に 0 を代入することとなる。そして，式 (6.96) の $\ddot{\boldsymbol{\theta}} = [\ddot{\theta}_1\ \ddot{\theta}_2]^{\mathrm{T}}$ に $[1\ 0]^{\mathrm{T}}$ を代入することで慣性行列 $\boldsymbol{M}(\boldsymbol{\theta})$ の 1 列目を，$[0\ 1]^{\mathrm{T}}$ を代入することで 2 列目を得る。これらをふまえて $\dot{\theta}_i^2 = 0\ (i = 1, 2)$，$g = 0$ を式 (6.95) に代入して慣性行列 $\boldsymbol{M}(\boldsymbol{\theta})$ を求めると

$$\boldsymbol{M}(\boldsymbol{\theta}) = \begin{bmatrix} M_{11} & M_{12} \\ M_{21} & M_{22} \end{bmatrix} \tag{6.97}$$

$$M_{11} = m_1 L_{C1}^2 + I_{C1} + m_2(L_1^2 + L_{C2}^2 + 2L_1 L_{C2} C_2) + I_{C2} \tag{6.98}$$

$$M_{12} = m_2(L_{C2}^2 + L_1 L_{C2} C_2) + I_{C2} \tag{6.99}$$

$$M_{21} = M_{12} \tag{6.100}$$

$$M_{22} = m_2 L_{C2}^2 + I_{C2} \tag{6.101}$$

となる。以上の式はラグランジュ法で導出した慣性行列式 (6.53), (6.54), (6.55), (6.56) と一致する。このことから，ニュートン・オイラー法は，ラグランジュ法と同じく運動方程式の導出や慣性行列の導出を行うことができる。そして，ニュートン・オイラー法を用いると計算量を大幅に減らすことができるため，多自由度マニピュレータを扱う際に適していると言える。

## 章　末　問　題

【１】 図 **6.11** の 2DOF マニピュレータ（並進+回転）の運動方程式を求めよ。ただし，諸量は以下の通りである。

$m_i\,(i = 1, 2)$ ：第 $i$ リンクの質量

$L_{Ci}\,(i = 1, 2)$：第 $i$ リンクの質量中心 $C_i$ の位置を表す距離

$I_{C2}$：第 2 リンクの質量中心まわりの慣性モーメント

$g$　：重力加速度定数（重力は $Y$ 軸負方向に作用するとする）

なお，適宜，3 章の章末問題【１】と 5 章の章末問題【１】における運動学と静力学に必要な諸量を参照されたい。

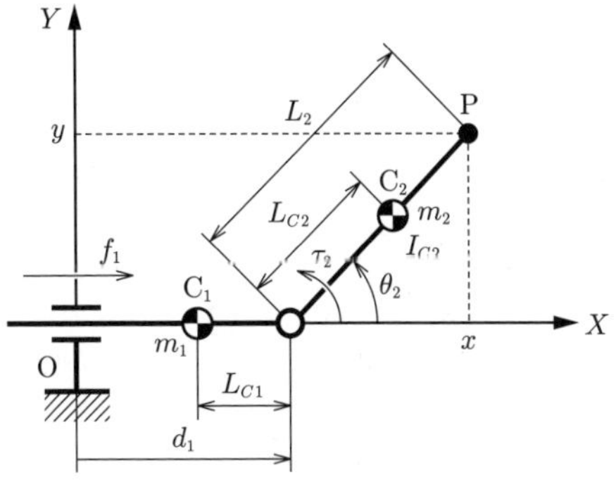


図 **6.11**　2DOF マニピュレータ（並進+回転）と動力学に必要な諸量

# 7 パラレル・メカニズム

## 7.1　パラレル・メカニズムの構造をもつロボット

### 7.1.1　パラレル・リンク機構

図 **7.1** にパラレル・メカニズムの一例を示す。この機構は，可動部と台座の間に，リンク機構をもつ複数の**サブアーム**（subarm）が並列的に配置されるという特徴をもつので，**パラレル・メカニズム**（parallel mechanism），あるいは，特定的な呼び方として，**パラレル・リンク機構**（parallel link mechanism）と呼ぶ。なお，可動部は，サブアーム先端に取りつけられた**トップ・プレート**（top plate）と，トップ・プレートに取りつけられた手先効果器から構成される。

このような機構は，サブアームとトップ・プレートにより閉じたリンク機構

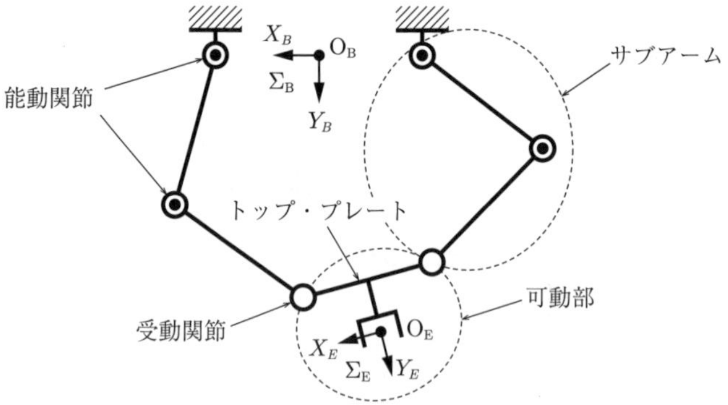


図 **7.1**　パラレル・メカニズムの一例

を構成するので，閉リンク機構と呼ぶこともある。また，このパラレル・メカニズムは，6 章までと同じように，先端部で対象物を操るマニピュレータでもあるので，**パラレル・マニピュレータ**（parallel manipulator）と呼ぶこともある。

なお，6 章までに扱ったマニピュレータは**シリアル・マニピュレータ**（serial manipulator）と呼ばれ，能動関節がリンクを介して直列に結合されている。これに対して，パラレル・マニピュレータでは一つまたは二つの能動関節を有するサブアームが並列に結合されている。

パラレル・メカニズムの特徴の一つは，アクチュエータで駆動される能動関節だけでなく，アクチュエータで駆動されない受動関節をもつことである。受動関節が必要となる理由は，いずれのサブアームにおいても，対象とした運動を可動部に生成することが必要となるためである。

このようなパラレル・メカニズムとしてよく知られるものに，スチュワートプラットフォーム型パラレル・メカニズム[12)] がある。このパラレル・メカニズムは，可動部と台座の間に並進運動を行うための一つの能動関節を有するサブアームが 6 本配置され，サブアームの両端には，ユニバーサル・ジョイントと球面軸受が受動関節として用いられている。このパラレル・メカニズムは，可動範囲は狭いものの，可動部に大きな合力を発生することができるため，フライトシミュレータなどに用いられている。

また，パラレル・メカニズムは構造上，台座にアクチュエータを設置しやすいため，高速ロボットを構成するためのメカニズムとしてもよく用いられる。スカラ型ロボットと同じ 4 自由度をもつデルタ・アーム[13)] もこの一例であり，高速運動を必要とする産業用ロボットとしても数多く用いられている。また，ヘクサ・アーム[14)]，NINJA[15)] なども同様に高速運動に適したロボットとして研究されてきた。

さらに，パラレル・メカニズムは高精度な動作の生成にも適しているため，工作機械にも用いられている。

### 7.1.2 多 指 ハ ン ド

**図 7.2** に多指《たし》ハンド（multifingered hand）の一例を示す。多指ハンドは，対象物の把握や操りなどの機能を実現するために，指に相当する複数のロボットアームが並列に配置されたものである。また，図に示すように対象物を把握したときには，指と対象物により閉リンク機構を構成し，前述のパラレル・リンク機構と同じ構造となることがわかる。すなわち，多指ハンドの場合には，対象物がトップ・プレートのかわりとなる。

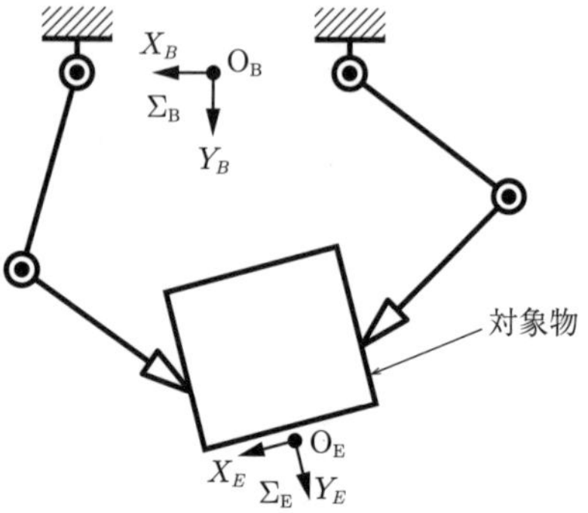


**図 7.2**　多指ハンドの一例

しかしながら，多指ハンドは前述のパラレル・リンク機構と異なり，対象物の操り動作を行う場合に指先の摩擦力を必要とする場合が多い。このため，対象物の操り動作においては，把握動作も考慮して指先力を制御することが重要となる。直感的な表現を使えば，各指は，対象物を押しながら対象物を操ることになる。

多指ハンドは，人間と同様に対象物の細密な操り動作を実現することを目指して研究されてきた。人間の手がもつような多くの自由度をコンパクトな機構におさめるため，あるいは減速機のガタや摩擦による運動性能の低下を避けるため，ワイヤ駆動方式が採用されることが多い。Stanford-JPL ハンド[18)]，Utah/MIT ハンド[19)] などがよく知られている。

多指ハンドが対象物を把握している際の動力学については，7.2.4 項のパラレル・マニピュレータの動力学と同様に求めることができるが，文献20) にも詳しく書かれているので参照されたい。

### 7.1.3 ワイヤ・メカニズム

**図 7.3** にワイヤ・メカニズム（wire mechanism）の一例を示す。ワイヤ・メカニズムは，トップ・プレートに取りつけた複数のワイヤの長さをモータなど

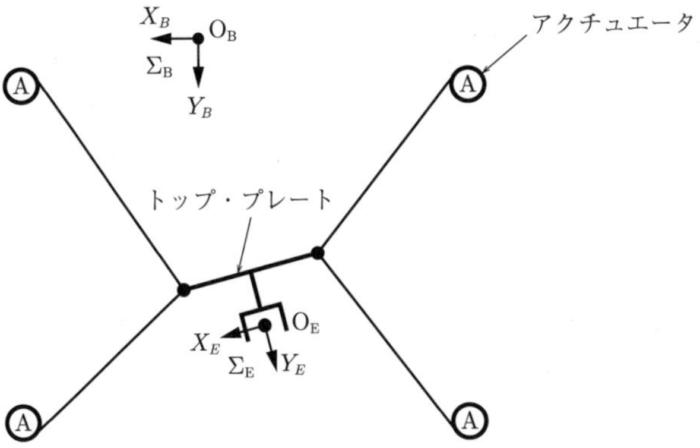


**図 7.3** ワイヤ・メカニズムの一例

のアクチュエータで変えることにより，トップ・プレートの位置・姿勢を変更するものである。このメカニズムの場合は，複数のワイヤとトップ・プレートにより，前述のパラレル・リンク機構や多指ハンドと同様な閉リンク機構を構成している。ただし，多指ハンドとは逆に，各ワイヤはその方向に引く力を発生することしかできない。このため，各ワイヤに必要とされる力がすべて引く力となるように，ワイヤ全体の空間的配置を決定する必要がある。

ワイヤ・メカニズムが $m$ 次元空間における任意方向の運動を生成するためには，能動アクチュエータとワイヤのセットが少なくとも $(m+1)$ 個必要であり，さらに**ベクタ・クロージャ**（vector closure）と呼ばれる条件を満たす必要があることが知られている[21]。

## 7.2 パラレル・リンク機構の機構学

### 7.2.1 3DOF 平面パラレル・リンク機構

**図 7.4** に，4 個のアクチュエータをもつ 3DOF 平面パラレル・リンク機構の構造と運動学を扱うために必要となる諸量を示す。また，機構学に必要となる諸定数を**図 7.5** に示す。なお，これらの諸量と諸定数の定義は以下の通りである。

$\Sigma_{\mathrm{B}}$ ：基準座標系

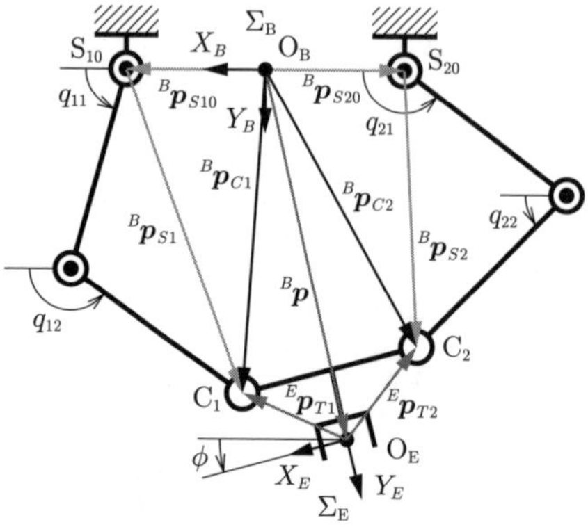


図 **7.4**　3DOF 平面パラレル・リンク機構の構造と運動学を扱うために必要な諸量

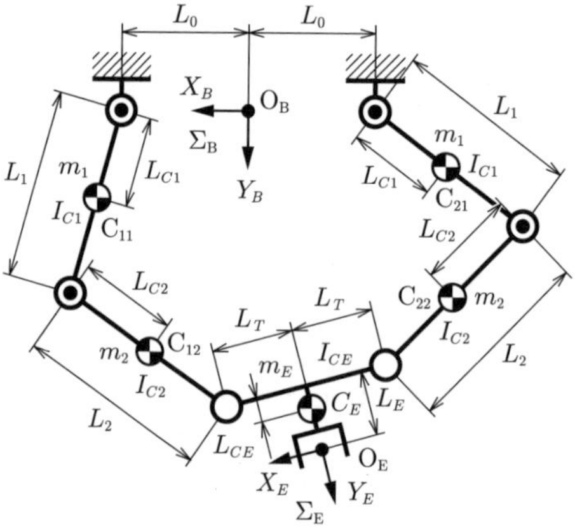


図 **7.5**　機構学に必要な諸定数

$\Sigma_{\mathrm{E}}$ ：手先座標系

$\mathrm{S}_{i0}, \mathrm{C}_i$ ：第 $i$ サブアームの根元と先端 $(i=1,2)$

$\boldsymbol{q}_i = [\,q_{i1}\ q_{i2}\,]^{\mathrm{T}} \in \boldsymbol{R}^2$：第 $i$ サブアームの関節角

$\boldsymbol{q} = [\,\boldsymbol{q}_1^{\mathrm{T}}\ \boldsymbol{q}_2^{\mathrm{T}}\,]^{\mathrm{T}} \in \boldsymbol{R}^4$ ：関節角

${}^B\boldsymbol{p} = [\,p_x\ p_y\,]^{\mathrm{T}} \in \boldsymbol{R}^2$ ：$\Sigma_{\mathrm{B}}$ で記述した手先位置ベクトル

$\phi \in \boldsymbol{R}^1$：手先姿勢

$\boldsymbol{r} = [\,{}^B\boldsymbol{p}^{\mathrm{T}}\ \phi]^{\mathrm{T}} \in \boldsymbol{R}^3$ ：手先位置と手先姿勢

${}^{B}\boldsymbol{p}_{Si0} = [\,p_{Si0x}\ p_{Si0y}\,]^{\mathrm{T}} \in \boldsymbol{R}^2$ ：$\Sigma_{\mathrm{B}}$ で記述した第 $i$ サブアームの根元位置 $(i = 1, 2)$

${}^{B}\boldsymbol{p}_{Si} = [\,p_{Six}\ p_{Siy}\,]^{\mathrm{T}} \in \boldsymbol{R}^2$ ：$\Sigma_{\mathrm{B}}$ で記述した，$\mathrm{S}_{i0}$ から見た第 $i$ サブアームの先端位置 $(i = 1, 2)$

${}^{B}\boldsymbol{p}_{Ci} = [\,p_{Cix}\ p_{Ciy}\,]^{\mathrm{T}} \in \boldsymbol{R}^2$ ：$\Sigma_{\mathrm{B}}$ で記述した第 $i$ サブアームの先端位置 $(i = 1, 2)$

${}^{B}\boldsymbol{p}_{C} = [\,{}^{B}\boldsymbol{p}_{C1}^{\mathrm{T}}\ {}^{B}\boldsymbol{p}_{C2}^{\mathrm{T}}\,]^{\mathrm{T}} \in \boldsymbol{R}^4$ ：$\Sigma_{\mathrm{B}}$ で記述したサブアームの先端位置

${}^{E}\boldsymbol{p}_{Ti} = [\,{}^{E}p_{Tix}\ {}^{E}p_{Tiy}\,]^{\mathrm{T}} \in \boldsymbol{R}^2$ ：$\Sigma_{\mathrm{E}}$ で記述した第 $i$ サブアームの先端位置（定ベクトル）$(i = 1, 2)$

$L_0$ ：$\mathrm{O_B}$ から各サブアーム取りつけ位置までの距離

$L_j$ ：各サブアームの第 $j$ リンクのリンク長さ $(j = 1, 2)$

$L_T$ ：各サブアームの先端位置から手先効果器取りつけ位置までの距離

$L_E$ ：トップ・プレートから手先位置までの距離

$\mathrm{C}_{ij}$ ：第 $i$ サブアームの第 $j$ リンクの質量中心 $(i = 1, 2,\ j = 1, 2)$

$L_{Cj}$ ：各サブアームの第 $j$ リンクの質量中心の位置を表す距離 $(j = 1, 2)$

$\mathrm{C_E}$ ：可動部の質量中心

$L_{CE}$ ：トップ・プレートから可動部の質量中心までの距離

$m_j$ ：各サブアームの第 $j$ リンクの質量 $(j = 1, 2)$

$I_{Cj}$ ：各サブアームの第 $j$ リンクの質量中心まわりの慣性モーメント $(j = 1, 2)$

$m_E$ ：可動部の質量

$I_{CE}$ ：可動部の質量中心まわりの慣性モーメント

### 7.2.2 運　　動　　学

図 7.4 の $\mathrm{C}_i$ は，第 $i$ サブアームの先端位置でもあり，また，手先可動部上のサブアーム先端の取りつけ位置でもある。このため，$\mathrm{C}_i$ の位置ベクトルは，つ

ぎの 2 通りの経路で考えることができる。

経路 1：$\Sigma_{\rm B}$ の原点 $\rm O_B$ → サブアームの根元 → $\rm C_{\it i}$

経路 2：$\Sigma_{\rm B}$ の原点 $\rm O_B$ → $\Sigma_{\rm E}$ の原点 $\rm O_E$ → $\rm C_{\it i}$

経路 1 による $\rm C_{\it i}$ の位置ベクトルは次式で表される。

$$ {}^B\boldsymbol{p}_{Ci} = {}^B\boldsymbol{p}_{Si0} + {}^B\boldsymbol{p}_{Si}(\boldsymbol{q}_i) \quad (i = 1, 2) \tag{7.1}$$

ここで，${}^B\boldsymbol{p}_{Si0}$ がつぎの値となるように，基準座標系とサブアームの根元の位置関係を定めるものとする。

$$\begin{cases} {}^B\boldsymbol{p}_{S10} = \begin{bmatrix} L_0 \\ 0 \end{bmatrix} \\ {}^B\boldsymbol{p}_{S20} = \begin{bmatrix} -L_0 \\ 0 \end{bmatrix} \end{cases} \tag{7.2}$$

また，サブアームの順運動学より ${}^B\boldsymbol{p}_{Si}\,(i = 1, 2)$ は次式で表される。

$$ {}^B\boldsymbol{p}_{Si} = \begin{bmatrix} L_1 C_{i1} + L_2 C_{i2} \\ L_1 S_{i1} + L_2 S_{i2} \end{bmatrix} \quad (i = 1, 2) \tag{7.3}$$

ただし，$C_{ij} = \cos(q_{ij})$, $S_{ij} = \sin(q_{ij})$, $j = 1, 2$ である。

一方，経路 2 による $\rm C_{\it i}$ の位置ベクトルは次式で表される。

$$ {}^B\boldsymbol{p}_{Ci} = {}^B\boldsymbol{p} + {}^B\boldsymbol{R}_E(\phi)\,{}^E\boldsymbol{p}_{Ti} \quad (i = 1, 2) \tag{7.4}$$

ここで，式 (7.4) 中の姿勢変換行列はつぎの通りである。

$$ {}^B\boldsymbol{R}_E(\phi) = \begin{bmatrix} C_\phi & -S_\phi \\ S_\phi & C_\phi \end{bmatrix} \tag{7.5}$$

ただし，$C_\phi = \cos\phi$, $S_\phi = \sin\phi$ である。

また，${}^E\boldsymbol{p}_{Ti}$ は，つぎの値をもつように手先部が構成されているとする。

$$\begin{cases} {}^E\boldsymbol{p}_{T1} = \begin{bmatrix} L_T \\ -L_E \end{bmatrix} \\ {}^E\boldsymbol{p}_{T2} = \begin{bmatrix} -L_T \\ -L_E \end{bmatrix} \end{cases} \tag{7.6}$$

さて，式 (7.1) と式 (7.4) より得られる次式により，関節角 $\boldsymbol{q}$ と手先位置 $\boldsymbol{r}$ が関係づけられる。

$${}^B\boldsymbol{p}_{Si0} + {}^B\boldsymbol{p}_{Si}(\boldsymbol{q}_i) = {}^B\boldsymbol{p} + {}^B\boldsymbol{R}_E(\phi)\,{}^E\boldsymbol{p}_{Ti} \quad (i = 1, 2) \tag{7.7}$$

このとき，パラレル・リンク機構の逆運動学は次式のように表される。

$$\boldsymbol{q} = \boldsymbol{f}_{PM}(\boldsymbol{r}) \tag{7.8}$$

ただし，$\boldsymbol{q} \in \boldsymbol{R}^4$, $\boldsymbol{r} \in \boldsymbol{R}^3$ である。式 (7.8) は以下のように求められる。

式 (7.7) を変形すると，次式が得られる。

$${}^B\boldsymbol{p} + {}^B\boldsymbol{R}_E(\phi)\,{}^E\boldsymbol{p}_{Ti} - {}^B\boldsymbol{p}_{Si0} = {}^B\boldsymbol{p}_{Si}(\boldsymbol{q}_i) \quad (i = 1, 2) \tag{7.9}$$

ここで，式 (7.9) の左辺が $\boldsymbol{r} = [\,{}^B\boldsymbol{p}^{\mathrm{T}}\ \phi]^{\mathrm{T}}$ の関数であることに注意して，これを ${}^B\boldsymbol{p}_{Si}(\boldsymbol{r})$ と置くと，式 (7.9) はつぎのように表される。

$${}^B\boldsymbol{p}_{Si}(\boldsymbol{r}) = {}^B\boldsymbol{p}_{Si}(\boldsymbol{q}_i) \quad (i = 1, 2) \tag{7.10}$$

式 (7.10) は，関節変数を $\boldsymbol{q}_i$，手先位置を ${}^B\boldsymbol{p}_{Si}(\boldsymbol{r})$ とした場合の 2DOF マニピュレータの運動学方程式である。したがって，2DOF マニピュレータの逆運動学と同様にして，式 (7.10) から次式のように $\boldsymbol{q}_i$ が求められる。

$$\boldsymbol{q}_i = {}^B\boldsymbol{p}_{Si}^{-1}\left\{{}^B\boldsymbol{p}_{Si}(\boldsymbol{r})\right\} \quad (i = 1, 2) \tag{7.11}$$

2DOF マニピュレータの逆運動学については，1.2.1 項を参照されたい。

なお，一般に，パラレル・メカニズムではシリアル・マニピュレータとは異なり，逆運動学を解くことは容易であるが，順運動学を解くことは困難な場合がある。

つぎに，速度の関係式を求める。式 (7.1) の両辺を微分し，次式を得る。

$$ {}^{B}\dot{\boldsymbol{p}}_{Ci} = \boldsymbol{J}_{Si}\,\dot{\boldsymbol{q}}_i \quad (i = 1, 2) \tag{7.12} $$

$$ \boldsymbol{J}_{Si} = \begin{bmatrix} -L_1 S_{i1} & -L_2 S_{i2} \\ L_1 C_{i1} & L_2 C_{i2} \end{bmatrix} \quad (i = 1, 2) \tag{7.13} $$

よって，サブアーム部に関するつぎの速度の関係式を得る。

$$ {}^{B}\dot{\boldsymbol{p}}_{C} = \boldsymbol{J}_{S}\,\dot{\boldsymbol{q}} \tag{7.14} $$

$$ \boldsymbol{J}_{S} = \begin{bmatrix} \boldsymbol{J}_{S1} & \boldsymbol{O} \\ \boldsymbol{O} & \boldsymbol{J}_{S2} \end{bmatrix} \in \boldsymbol{R}^{4\times 4} \tag{7.15} $$

一方，式 (7.4) を用いてつぎの関係式を得る。

$$ {}^{B}\dot{\boldsymbol{p}}_{Ci} = \boldsymbol{J}_{Ti}\,\dot{\boldsymbol{r}} \quad (i = 1, 2) \tag{7.16} $$

$$ \begin{aligned} \boldsymbol{J}_{T1} &= \begin{bmatrix} 1 & 0 & -L_T S_\phi + L_E C_\phi \\ 0 & 1 & L_T C_\phi + L_E S_\phi \end{bmatrix} \\ \boldsymbol{J}_{T2} &= \begin{bmatrix} 1 & 0 & L_T S_\phi + L_E C_\phi \\ 0 & 1 & -L_T C_\phi + L_E S_\phi \end{bmatrix} \end{aligned} \tag{7.17} $$

これらを用いて，可動部に関するつぎの速度の関係式を得る。

$$ {}^{B}\dot{\boldsymbol{p}}_{C} = \boldsymbol{J}_{T}\,\dot{\boldsymbol{r}} \tag{7.18} $$

$$ \boldsymbol{J}_{T} = \begin{bmatrix} \boldsymbol{J}_{T1} \\ \boldsymbol{J}_{T2} \end{bmatrix} \in \boldsymbol{R}^{4\times 3} \tag{7.19} $$

よって，式 (7.14) と式 (7.18) を用いて，機構全体に関するつぎの速度の関係式を得る。

$$ \dot{\boldsymbol{q}} = \boldsymbol{J}\,\dot{\boldsymbol{r}} \tag{7.20} $$

$$ \boldsymbol{J} = \boldsymbol{J}_S^{-1}\boldsymbol{J}_T \in \boldsymbol{R}^{4\times 3} \tag{7.21} $$

なお，加速度の関係式については，式 (7.20) の両辺を時間で微分することにより，つぎのように得られる。

$$\ddot{\boldsymbol{q}} = \boldsymbol{J}\,\ddot{\boldsymbol{r}} + \dot{\boldsymbol{J}}\,\dot{\boldsymbol{r}} \tag{7.22}$$

### 7.2.3 静　力　学

式 (7.20) の速度の関係式より，シリアル・マニピュレータと同様に，つぎの静力学関係式を得ることができる。

$$\boldsymbol{F} = \boldsymbol{J}^{\mathrm{T}}\boldsymbol{\tau}_q \tag{7.23}$$

また，**図 7.6** に示すようにサブアームからトップ・プレートに作用する力 $\boldsymbol{F}_S$ を扱いたい場合は，式 (7.14)，あるいは式 (7.18) から得られるつぎの静力学関係式を用いればよい。

$$\boldsymbol{\tau}_q = \boldsymbol{J}_S^{\mathrm{T}}\boldsymbol{F}_S \tag{7.24}$$

$$\boldsymbol{F} = \boldsymbol{J}_T^{\mathrm{T}}\boldsymbol{F}_S \tag{7.25}$$

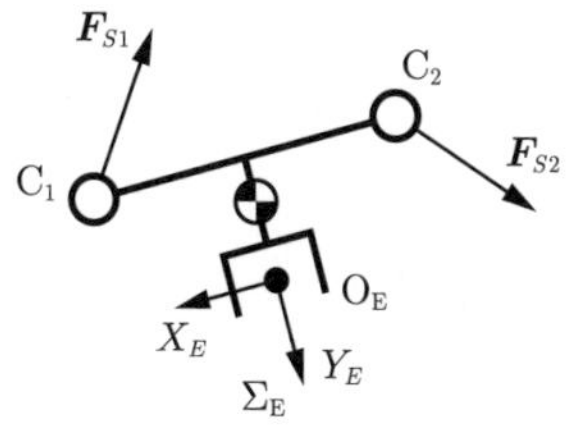


**図 7.6**　サブアーム先端からトップ・プレートに作用する力

ただし，諸量は以下の通りである。

$\boldsymbol{\tau}_{qi} = [\,\tau_{qi1}\ \tau_{qi2}\,]^{\mathrm{T}} \in \boldsymbol{R}^2$：第 $i$ サブアームの関節駆動力 ($i = 1, 2$)
$\boldsymbol{\tau}_q = [\,\boldsymbol{\tau}_{q1}^{\mathrm{T}}\ \boldsymbol{\tau}_{q2}^{\mathrm{T}}\,]^{\mathrm{T}} \in \boldsymbol{R}^4$　：関節駆動力
$\boldsymbol{f} = [\,f_x\ f_y\,]^{\mathrm{T}} \in \boldsymbol{R}^2$　：手先並進力
$N \in \boldsymbol{R}^1$：手先モーメント
$\boldsymbol{F} = [\,\boldsymbol{f}^{\mathrm{T}}\ N\,]^{\mathrm{T}} \in \boldsymbol{R}^3$：手先力
$\boldsymbol{F}_{Si} = [\,f_{Six}\ f_{Siy}\,]^{\mathrm{T}} \in \boldsymbol{R}^2$：第 $i$ サブアーム先端からトップ・プレートに作用する力 ($i = 1, 2$)
$\boldsymbol{F}_S = [\,\boldsymbol{F}_{S1}^{\mathrm{T}}\ \boldsymbol{F}_{S2}^{\mathrm{T}}\,]^{\mathrm{T}} \in \boldsymbol{R}^4$　：サブアーム先端からトップ・プレートに作用する力

### 7.2.4 動　力　学

ここでは，3DOF 平面パラレル・リンク機構の運動方程式を導出するため，サブアーム部の運動方程式と可動部の運動方程式を別々に求め，機構内部に作用する力を消去することにより，機構全体の運動方程式を導出する。

第 $i$ サブアームはシリアル・マニピュレータなので，6 章で説明した方法でつぎの運動方程式を得ることができる。

$$\boldsymbol{M}_{Si}(\boldsymbol{q}_i)\,\ddot{\boldsymbol{q}}_i + \boldsymbol{h}_{Si}(\boldsymbol{q}_i, \dot{\boldsymbol{q}}_i) = \boldsymbol{\tau}_{qi} - \boldsymbol{J}_{Si}^{\mathrm{T}}\boldsymbol{F}_{Si} \quad (i = 1, 2) \tag{7.26}$$

ただし，$i = 1, 2$ について

$$\boldsymbol{M}_{Si}(\boldsymbol{q}_i) = \begin{bmatrix} m_1 L_{C1}^2 + I_{C1} + m_2\,L_1^2 & m_2\,L_1 L_{C2} C_{(i1-i2)} \\ m_2\,L_1 L_{C2} C_{(i1-i2)} & m_2\,L_{C2}^2 + I_{C2} \end{bmatrix} \tag{7.27}$$

$$\boldsymbol{h}_{Si}(\boldsymbol{q}_i, \dot{\boldsymbol{q}}_i) = \begin{bmatrix} m_2\,L_1 L_{C2} S_{(i1-i2)} \dot{q}_{i2}^2 - m_1 g\,L_{C1} C_{i1} - m_2 g L_1 C_{i1} \\ -m_2\,L_1 L_{C2} S_{(i1-i2)} \dot{q}_{i1}^2 - m_2\,g\,L_{C2} C_{i2} \end{bmatrix} \tag{7.28}$$

および，$C_{(i1-i2)} = \cos(q_{i1} - q_{i2})$, $S_{(i1-i2)} = \sin(q_{i1} - q_{i2})$ である。また，$g$ は重力加速度定数である。なお，ここでは重力は $Y_B$ 軸正方向に作用するとしている。

式 (7.26) より，サブアーム部全体の運動方程式として次式を得る。

$$\boldsymbol{M}_S(\boldsymbol{q})\,\ddot{\boldsymbol{q}} + \boldsymbol{h}_S(\boldsymbol{q}, \dot{\boldsymbol{q}}) = \boldsymbol{\tau}_q - \boldsymbol{J}_S^{\mathrm{T}}\boldsymbol{F}_S \tag{7.29}$$

$$\boldsymbol{M}_S(\boldsymbol{q}) = \begin{bmatrix} \boldsymbol{M}_{S1}(\boldsymbol{q}_1) & \boldsymbol{O} \\ \boldsymbol{O} & \boldsymbol{M}_{S2}(\boldsymbol{q}_2) \end{bmatrix} \tag{7.30}$$

$$\boldsymbol{h}_S(\boldsymbol{q}, \dot{\boldsymbol{q}}) = \begin{bmatrix} \boldsymbol{h}_{S1}(\boldsymbol{q}_1, \dot{\boldsymbol{q}}_1) \\ \boldsymbol{h}_{S2}(\boldsymbol{q}_2, \dot{\boldsymbol{q}}_2) \end{bmatrix} \tag{7.31}$$

一方，可動部の運動方程式は，その質量中心 $\mathrm{C_E}$ に注目すると，平面内で運動する単一剛体の運動方程式として次式で表される。

$$\boldsymbol{M}_T\,\ddot{\boldsymbol{r}} + \boldsymbol{h}_T = \boldsymbol{J}_T^{\mathrm{T}}\boldsymbol{F}_S \tag{7.32}$$

$$\boldsymbol{M}_T = \begin{bmatrix} m_E & 0 & 0 \\ 0 & m_E & 0 \\ 0 & 0 & I_{CE} \end{bmatrix} \tag{7.33}$$

$$\boldsymbol{h}_T = \begin{bmatrix} 0 \\ -m_E\,g \\ 0 \end{bmatrix} \tag{7.34}$$

可動部は，サブアーム部から可動部に加わる力 $\boldsymbol{F}_S$ によって動作させられることに注意されたい。この $\boldsymbol{F}_S$ は，機構内部の力であるが，問題設定によっては安定性に関与する場合がある[22)]。

機構全体の運動方程式を求めるために，式 (7.29) より次式を求める。

$$\boldsymbol{F}_S = \boldsymbol{J}_S^{-\mathrm{T}}\,(\boldsymbol{\tau}_q - \boldsymbol{M}_S\,\ddot{\boldsymbol{q}} - \boldsymbol{h}_S) \tag{7.35}$$

式 (7.35) を，式 (7.21) および式 (7.22) とともに式 (7.32) に代入し，機構全体の運動方程式として次式を得る。

$$(\boldsymbol{M}_T + \boldsymbol{J}_T^{\mathrm{T}}\boldsymbol{M}_S\boldsymbol{J})\,\ddot{\boldsymbol{r}} + \boldsymbol{h}_T + \boldsymbol{J}^{\mathrm{T}}\boldsymbol{h}_S + \boldsymbol{J}^{\mathrm{T}}\boldsymbol{M}_S\dot{\boldsymbol{J}}\,\dot{\boldsymbol{r}} = \boldsymbol{J}^{\mathrm{T}}\boldsymbol{\tau}_q \tag{7.36}$$

式 (7.36) は，整理するとつぎのような形式となる。

$$\boldsymbol{M}(\boldsymbol{r})\,\ddot{\boldsymbol{r}} + \boldsymbol{h}(\boldsymbol{r},\dot{\boldsymbol{r}}) = \boldsymbol{J}^{\mathrm{T}}\boldsymbol{\tau}_q \tag{7.37}$$

$$\boldsymbol{M}(\boldsymbol{r}) = \boldsymbol{M}_T + \boldsymbol{J}^{\mathrm{T}}\boldsymbol{M}_S\,\boldsymbol{J} \tag{7.38}$$

$$\boldsymbol{h}(\boldsymbol{r},\dot{\boldsymbol{r}}) = \boldsymbol{h}_T + \boldsymbol{J}^{\mathrm{T}}\boldsymbol{h}_S + \boldsymbol{J}^{\mathrm{T}}\boldsymbol{M}_S\,\dot{\boldsymbol{J}}\,\dot{\boldsymbol{r}} \tag{7.39}$$

式 (7.37) の両辺は，可動部に作用する力の次元となっている。

なお，ここで説明した導出方法をとらずに，機構全体に対してラグランジュ法を適用することも可能である。この場合，サブアームから可動部に作用する力は，ラグランジュの未定乗数として扱われることになる。ただし，トップ・

プレートの運動自由度が退化するような場合には，文献23) にある閉リンク機構の動力学を求める手法を適用する方が直感的にわかりやすい。

## 7.3　パラレル・リンク機構の実際とその扱い

7.2 節では，図 7.4，図 7.5 に示す機構を対象として，その運動学，静力学および動力学を述べた。その際，3.4 節で述べた DH 記法にもとづく関節角（図 **7.7**(a)）ではなく，高加速性をもたせるために台座にアクチュエータを置くことを想定した構造（図 7.7(b) に示す平行リンク機構（4 節リンク機構）を用いた構造）に応じた関節角を用いることを想定した。本節では，これらの関節角についての考え方と扱いについて述べる。

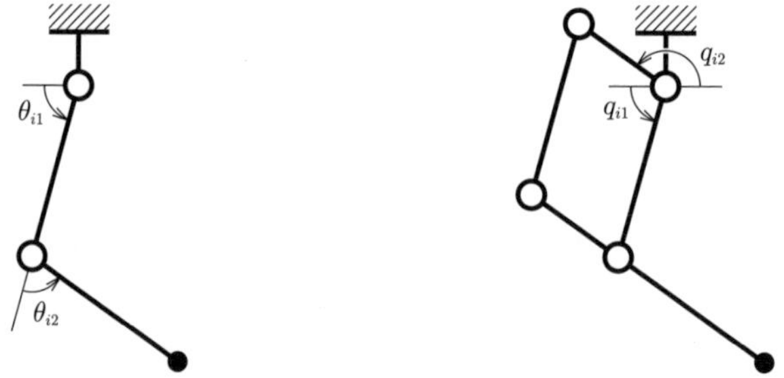


(a)　DH 記法にもとづく関節角を用いる場合　　(b)　構造に応じた関節角を用いる場合

**図 7.7**　パラレル・リンク機構の構造と関節角

パラレル・リンク機構のサブアームを含めて，一般のシリアル・マニピュレータの構造を定義するには，3.4 節で述べた DH 記法を用いることが妥当である。この理由は，DH 記法が，パラメータの使い方に多少のバリエーションがあるものの，広く用いられているため，リンクパラメータの表を採用した DH 記法の引用とともに示すことにより，ロボットの機構を正確に定義できるからである。一方，制御などにおいては，構造に応じた関節角を用いる方が摩擦力などに対処しやすい。このため，2 通りの関節角を扱うこともある。以下では，図

7.7 の 2 通りの関節角の扱いについて述べる。

図の 2 通りの関節角の関係は，以下で表される。

$$\begin{cases} \theta_{i1} = q_{i1} \quad (i = 1, 2) \\ \theta_{i2} = q_{i2} - q_{i1} \quad (i = 1, 2) \end{cases} \tag{7.40}$$

ここで，$\theta_{i2}$ は根元側のリンクの向きからの相対角，$q_{i2}$ は台座に固定された座標系を基準とするもので，ここでは絶対角と呼ぶ。式 (7.40) より，以下の関係式を得る。

$$\begin{cases} \dot{\boldsymbol{\theta}} = \boldsymbol{J}_q \dot{\boldsymbol{q}} \\ \boldsymbol{J}_q = \mathrm{diag.}(\,\boldsymbol{J}_{q1},\ \boldsymbol{J}_{q2}\,) \\ \boldsymbol{J}_{qi} = \begin{bmatrix} 1 & 0 \\ -1 & 1 \end{bmatrix} \quad (i = 1, 2) \end{cases} \tag{7.41}$$

$$\ddot{\boldsymbol{\theta}} = \boldsymbol{J}_q \ddot{\boldsymbol{q}} + \dot{\boldsymbol{J}}_q \dot{\boldsymbol{q}} \tag{7.42}$$

$$\boldsymbol{\tau}_q = \boldsymbol{J}_q^{\mathrm{T}} \boldsymbol{\tau} \tag{7.43}$$

ここで，$\dot{\boldsymbol{\theta}} = [\ \dot{\boldsymbol{\theta}}_1^{\mathrm{T}}\ \dot{\boldsymbol{\theta}}_2^{\mathrm{T}}\ ]^{\mathrm{T}}$，$\dot{\boldsymbol{\theta}}_i = [\ \dot{\theta}_{i1}\ \dot{\theta}_{i2}\ ]^{\mathrm{T}}\,(i = 1, 2)$，$\boldsymbol{\tau} = [\ \boldsymbol{\tau}_1^{\mathrm{T}}\ \boldsymbol{\tau}_2^{\mathrm{T}}\ ]^{\mathrm{T}}$，$\boldsymbol{\tau}_i = [\,\tau_{i1}\ \tau_{i2}\,]^{\mathrm{T}}\,(i = 1, 2)$ である。ただし，$\dot{\boldsymbol{\theta}}_i$ と $\boldsymbol{\tau}_i$，$\dot{\boldsymbol{q}}_i$ と $\boldsymbol{\tau}_{qi}$ がそれぞれ，かけあわせたときにパワー（出力）となることに注意されたい。すなわち，$\tau_{i2}$ は根元側のリンクを足場として作用する駆動力，$\tau_{qi2}$ は台座を足場として作用する駆動力である。

式 (7.41)～(7.43) の関係式を用いると，7.2 節で求めた $\boldsymbol{q}, \dot{\boldsymbol{q}}, \ddot{\boldsymbol{q}}, \boldsymbol{\tau}_q$ に関する運動学，静力学および動力学の式を，$\boldsymbol{\theta}, \dot{\boldsymbol{\theta}}, \ddot{\boldsymbol{\theta}}, \boldsymbol{\tau}$ に関する式に変換することができる。また，逆の変換も可能である。

## 章　末　問　題

【１】 図 7.4，図 7.5 で表される 3DOF 平面パラレル・リンク機構について以下の問いに答えよ。

(1) $L_0 = L_2 + L_T$ となるように本パラレル・リンク機構のサブアームを配置するとき，本パラレル・リンク機構が $q_{11} = \pi/2$，$q_{12} = \pi$，$q_{21} = \pi/2$，$q_{22} = 0$ となる姿勢をとりうることを図示せよ。

(2) (1) の配置と姿勢に加えて，$L_E = 0$ であるとき，7.2.3 項に記述されている関節駆動力 $\boldsymbol{\tau}_q$，サブアーム先端からトップ・プレートに作用する力 $\boldsymbol{F}_S$，および手先力 $\boldsymbol{F}$ の関係を求めよ。

(3) 本パラレル・リンク機構の高加速性を追求する観点から，(2) で求めた手先力 $\boldsymbol{F}$ の各成分が，関節駆動力によってどのように生じるかについて考察せよ。

# 8 冗長マニピュレータ

## 8.1 定義と特徴

### 8.1.1 運動学的冗長性を有する冗長マニピュレータ

**図 8.1** に運動学的冗長性を有する冗長マニピュレータの例を示す。このマニピュレータは二つの関節が直列に結合されているので，シリアル・マニピュレータである。図中の諸量は以下の通りである。

$d_i$ ：第 $i$ 関節の関節変数 $(i=1,2)$

$\boldsymbol{\theta}=[\,d_1\ d_2\,]^{\mathrm{T}}\in\boldsymbol{R}^2$ ：関節変数

$x\in\boldsymbol{R}^1$ ：手先位置

$f_i$ ：第 $i$ 関節の関節駆動力 $(i=1,2)$

$\boldsymbol{\tau}=[\,f_1\ f_2\,]^{\mathrm{T}}\in\boldsymbol{R}^2$ ：関節駆動力

$F\in\boldsymbol{R}^1$ ：手先力

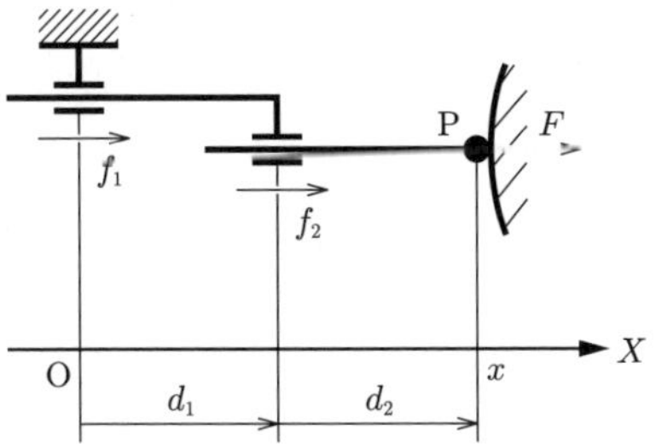


**図 8.1** 運動学的冗長性を有する並進 1DOF マニピュレータ

このマニピュレータの運動学と静力学は，以下の式で表される。

$$x = d_1 + d_2 \tag{8.1}$$

$$\dot{x} = \boldsymbol{J}\dot{\boldsymbol{\theta}} \tag{8.2}$$

$$\boldsymbol{J} = [1 \;\; 1] \in \boldsymbol{R}^{1\times 2} \tag{8.3}$$

$$\boldsymbol{\tau} = \boldsymbol{J}^{\mathrm{T}} F \tag{8.4}$$

式 (8.2) と式 (8.3) は

$$\dot{x} = \dot{d}_1 + \dot{d}_2 \tag{8.5}$$

と等価であり，二つの関節速度により一つの手先速度を生成することを示している。このようなマニピュレータは，生成すべき手先速度が与えられても関節速度が一意に決定されないので，**運動学的冗長性**（kinematic redundancy）を有する**冗長マニピュレータ**（redundant manipulator）と呼ぶ。なお，上述の例において運動の種類や自由度を明記したい場合には，運動学的冗長性を有する並進 1DOF マニピュレータと呼べばよい。

一方，式 (8.4) と式 (8.3) は

$$\begin{cases} f_1 = F \\ f_2 = F \end{cases} \tag{8.6}$$

と等価であり，静力学的には，生成すべき手先力が与えられると二つの関節駆動力が決定され，独立した値をとることができないことを示している。ただし，慣性力などの動力学的効果が無視できない場合はこの限りではない。

運動学的冗長性を有する冗長マニピュレータにおいては，その冗長性を利用し，特異姿勢を回避しながら必要な手先動作を生成する研究[24)~26)]や，外力に対するコンプライアント動作（順応動作）を広い動作範囲，かつ高い帯域まで生成させる研究[27)~32)]，双腕マニピュレータにおける合理的な相対動作を生成させる研究[33)]が報告されている。

### 8.1.2 駆動冗長性を有する冗長マニピュレータ

本項では，**図 8.2** に 8.1.1 項で述べた運動学的冗長性とは異なる力学的な冗長性を有する冗長マニピュレータについて述べる。ただし，ここでは駆動関節が冗長である場合，すなわち駆動冗長性を有する場合を取り上げる。

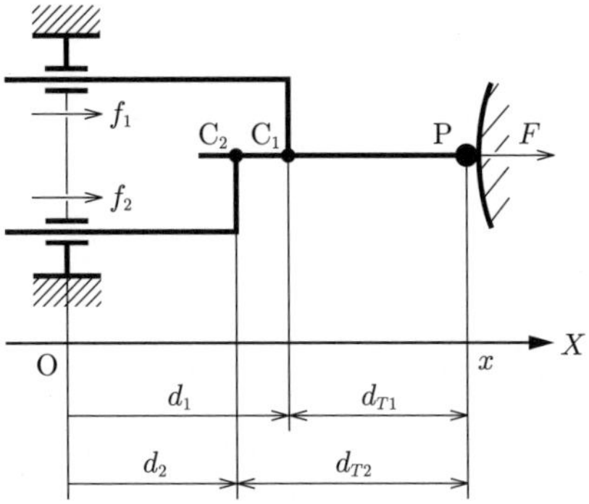


**図 8.2** 駆動冗長性を有する並進 1DOF マニピュレータ

図 8.2 に駆動冗長性を有する冗長マニピュレータの例を示す。このマニピュレータは，二つのアームが先端部に並列に結合されているので，パラレル・マニピュレータである。図中の諸量は以下の通りである。

| | |
|---|---|
| $d_i$ | ：第 $i$ 関節の関節変数 $(i = 1, 2)$ |
| $\boldsymbol{\theta} = [\,d_1\ d_2\,]^{\mathrm{T}} \in \boldsymbol{R}^2$ | ：関節変数 |
| $x \in \boldsymbol{R}^1$ | ：手先位置 |
| $f_i$ | ：第 $i$ 関節の関節駆動力 $(i = 1, 2)$ |
| $\boldsymbol{\tau} = [\,f_1\ f_2\,]^{\mathrm{T}} \in \boldsymbol{R}^2$ | ：関節駆動力 |
| $F \in \boldsymbol{R}^1$ | ：手先力 |
| $d_{Ti}$ | ：第 $i$ サブアームの先端 $\mathrm{C}_i$ から手先 P までの距離 $(i = 1, 2)$ |

このマニピュレータの運動学と静力学は，以下の式で表される。

$$\begin{bmatrix} d_1 \\ d_2 \end{bmatrix} = \begin{bmatrix} x - d_{T1} \\ x - d_{T2} \end{bmatrix} \tag{8.7}$$

$$\dot{\boldsymbol{\theta}} = \boldsymbol{J}\dot{x} \tag{8.8}$$

$$\boldsymbol{J} = \begin{bmatrix} 1 \\ 1 \end{bmatrix} \in \boldsymbol{R}^{2\times 1} \tag{8.9}$$

$$F = \boldsymbol{J}^{\mathrm{T}}\boldsymbol{\tau} \tag{8.10}$$

式 (8.8) と式 (8.9) は

$$\begin{cases} \dot{d}_1 = \dot{x} \\ \dot{d}_2 = \dot{x} \end{cases} \tag{8.11}$$

と等価であり，手先速度が与えられると二つの関節速度が決定され，独立した値をとることができないことを示している。このような運動に対する制約はパラレル・マニピュレータにおいてよく見られるものであり，**過拘束**（over constraint）と呼ばれる。

一方，式 (8.10) と式 (8.9) は

$$F = f_1 + f_2 \tag{8.12}$$

と等価であり，二つの関節駆動力により一つの手先力を生成することを示している。このようなマニピュレータは，生成すべき手先力が与えられても関節駆動力が一意に決定されないので，**駆動冗長性**（driving force redundancy）を有する冗長マニピュレータと呼ぶ。なお，上述の例において運動の種類や自由度を明記したい場合には，駆動冗長性を有する並進 1DOF マニピュレータと呼べばよい。

駆動冗長性を有する冗長マニピュレータについては，高加速性の実現に関する研究[15),34)] や解説[35)] のほかに，マニピュレータの全自由度より少ない自由度の運動を高加速にするために，仮想的な駆動冗長性を構成する研究[36)] もある。

## 8.2 シリアル・マニピュレータの運動学的冗長性

### 8.2.1 基礎式と運動学的冗長性

シリアル・マニピュレータの基礎式である運動学，静力学，および動力学はつぎのようにまとめられる。それぞれの詳細は 6 章までの各章を参照されたい。

$$\boldsymbol{r} = \boldsymbol{f}(\boldsymbol{\theta}) \tag{8.13}$$

$$\dot{\boldsymbol{r}} = \boldsymbol{J}\dot{\boldsymbol{\theta}}, \quad \boldsymbol{J} = \frac{\partial \boldsymbol{f}(\boldsymbol{\theta})}{\partial \boldsymbol{\theta}^{\mathrm{T}}} \tag{8.14}$$

$$\ddot{\boldsymbol{r}} = \boldsymbol{J}\ddot{\boldsymbol{\theta}} + \dot{\boldsymbol{J}}\dot{\boldsymbol{\theta}} \tag{8.15}$$

$$\boldsymbol{\tau} = \boldsymbol{J}^{\mathrm{T}}\boldsymbol{F} \tag{8.16}$$

$$\boldsymbol{M}\ddot{\boldsymbol{\theta}} + \boldsymbol{h} = \boldsymbol{\tau} + \boldsymbol{J}^{\mathrm{T}}\boldsymbol{F}_E \tag{8.17}$$

これらの式の諸量は以下の通りである。

$\boldsymbol{\theta} \in \boldsymbol{R}^n$ ：関節変数
$\boldsymbol{r} \in \boldsymbol{R}^m$ ：手先位置
$\boldsymbol{J} \in \boldsymbol{R}^{m\times n}$ ：ヤコビ行列
$\boldsymbol{\tau} \in \boldsymbol{R}^n$ ：関節駆動力
$\boldsymbol{F} \in \boldsymbol{R}^m$ ：手先力
$\boldsymbol{F}_E \in \boldsymbol{R}^m$ ：手先外力
$\boldsymbol{M} \in \boldsymbol{R}^{n\times n}$ ：慣性行列
$\boldsymbol{h} \in \boldsymbol{R}^n$ ：遠心力・コリオリ力項と重力項

ここで，$n$ は関節変数の数であり，シリアル・マニピュレータの場合は通常，マニピュレータの運動自由度数となる。また，$m$ は運動制御などの対象とする手先位置変数の数であり，手先の並進位置と鉛直軸まわりの回転を対象とするスカラ型ロボットでは 4 となる。

ただし，手先の 2 成分以上の姿勢を対象とする場合は，手先速度を $\dot{\boldsymbol{r}} = [\dot{\boldsymbol{p}}^{\mathrm{T}}\ \boldsymbol{\omega}^{\mathrm{T}}]^{\mathrm{T}}$ （$\boldsymbol{p}$ は手先並進位置，$\boldsymbol{\omega}$ は手先角速度ベクトル）などと扱う必要

がある。この $n$ と $m$ を用いると，シリアル・マニピュレータの運動学的冗長性は，8.1.1 項の例のように

$$n > m \tag{8.18}$$

のときに生じる。

### 8.2.2　運動学的冗長性の利用

**図 8.3** に示す 2DOF マニピュレータを，$X$ 軸方向に運動する冗長マニピュレータと見なし，運動学的冗長性が手先慣性を低減化しうることを示そう。

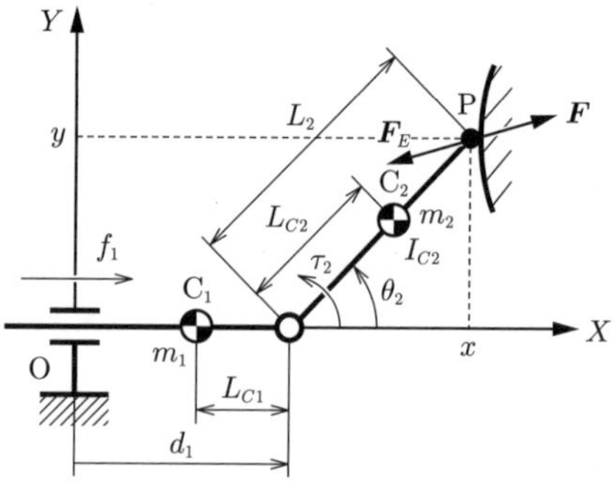


図 8.3　$X$ 軸方向に運動する冗長マニピュレータ

このマニピュレータの基礎式は，以下の通りである。それぞれの詳細は 4〜6 章の章末問題を参照されたい。

$$\dot{\boldsymbol{r}} = \boldsymbol{J}\dot{\boldsymbol{\theta}} \tag{8.19}$$

$$\ddot{\boldsymbol{r}} = \boldsymbol{J}\ddot{\boldsymbol{\theta}} + \dot{\boldsymbol{J}}\dot{\boldsymbol{\theta}} \tag{8.20}$$

$$\boldsymbol{\tau} = \boldsymbol{J}^{\mathrm{T}}\boldsymbol{F} \tag{8.21}$$

$$\boldsymbol{M}\ddot{\boldsymbol{\theta}} + \boldsymbol{h} = \boldsymbol{\tau} + \boldsymbol{J}^{\mathrm{T}}\boldsymbol{F}_E \tag{8.22}$$

いま，このマニピュレータを，$X$ 軸方向に運動する冗長マニピュレータとして見なすために，式 (8.19) と式 (8.20) の運動学をつぎのように変更する。

$$\begin{cases} \dot{x} = \boldsymbol{J}_x \dot{\boldsymbol{\theta}} \\ \boldsymbol{J}_x = [\,1 \quad -L_2 S_2\,] \in \boldsymbol{R}^{1\times 2} \end{cases} \tag{8.23}$$

$$\begin{cases} \ddot{x} = \boldsymbol{J}_x \ddot{\boldsymbol{\theta}} + \dot{\boldsymbol{J}}_x \dot{\boldsymbol{\theta}} \\ \dot{\boldsymbol{J}}_x = [\,0 \quad -L_2 C_2 \dot{\theta}_2\,] \in \boldsymbol{R}^{1\times 2} \end{cases} \tag{8.24}$$

このとき，式 (8.21) の静力学関係式と式 (8.22) の運動方程式は次式となる。

$$\begin{cases} \boldsymbol{\tau} = \boldsymbol{J}_x^{\mathrm{T}} f_x \\ \boldsymbol{J}_x^{\mathrm{T}} = \begin{bmatrix} 1 \\ -L_2 S_2 \end{bmatrix} \in \boldsymbol{R}^{2\times 1} \end{cases} \tag{8.25}$$

$$\boldsymbol{M}\ddot{\boldsymbol{\theta}} + \boldsymbol{h} = \boldsymbol{\tau} + \boldsymbol{J}_x^{\mathrm{T}} F_{Ex} \tag{8.26}$$

以上の準備のもとに，式 (8.26) の運動方程式の $X$ 軸方向への射影を考えよう。

式 (8.24), (8.26) より

$$\begin{aligned} \ddot{x} &= \boldsymbol{J}_x \boldsymbol{M}^{-1}(\boldsymbol{\tau} + \boldsymbol{J}_x^{\mathrm{T}} F_{Ex} - \boldsymbol{h}) + \dot{\boldsymbol{J}}_x \dot{\boldsymbol{\theta}} \\ &= \boldsymbol{J}_x \boldsymbol{M}^{-1}\boldsymbol{\tau} + \boldsymbol{J}_x \boldsymbol{M}^{-1}\boldsymbol{J}_x^{\mathrm{T}} F_{Ex} - \boldsymbol{J}_x \boldsymbol{M}^{-1}\boldsymbol{h} + \dot{\boldsymbol{J}}_x \dot{\boldsymbol{\theta}} \end{aligned} \tag{8.27}$$

よって，$X$ 軸方向の運動に関するつぎの運動方程式を得る。

$$M_x \ddot{x} + M_x \boldsymbol{J}_x \boldsymbol{M}^{-1}\boldsymbol{h} - M_x \dot{\boldsymbol{J}}_x \dot{\boldsymbol{\theta}} = M_x \boldsymbol{J}_x \boldsymbol{M}^{-1}\boldsymbol{\tau} + F_{Ex} \tag{8.28}$$

$$M_x = (\boldsymbol{J}_x \boldsymbol{M}^{-1} \boldsymbol{J}_x^{\mathrm{T}})^{-1} \tag{8.29}$$

式 (8.29) の $M_x$ は，外力の $X$ 成分 $F_{Ex}$ に対する手先慣性となる。マニピュレータの運動学的冗長性が手先慣性を低減化しうることを示そう。

以下では，簡単のため

$$\theta_2 = \frac{\pi}{2} \tag{8.30}$$

$$L_{C2} = 0 \tag{8.31}$$

の場合を考える。例えば，**図 8.4** に示すように第 2 リンクが回転関節をまたぐような一様な棒状のリンクをもち，図中の $L_{20}$ が $L_2$ と等しいとき，式 (8.31) は成り立つ。このとき

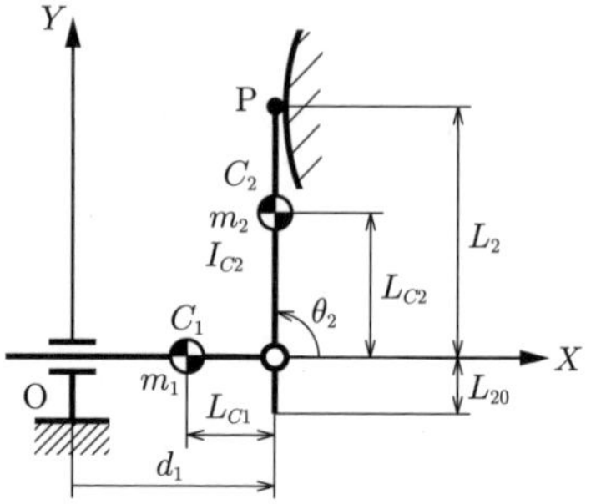


図 **8.4**　慣性の低減化を検討するための例題

$$J_x = \begin{bmatrix} 1 & -L_2 \end{bmatrix} \tag{8.32}$$

$$\boldsymbol{M} = \begin{bmatrix} m_1 + m_2 & 0 \\ 0 & I_{C2} \end{bmatrix} \tag{8.33}$$

となるので，これらを式 (8.29) に代入すると，次式を得る。

$$\begin{aligned} M_x &= (\boldsymbol{J}_x \boldsymbol{M}^{-1} \boldsymbol{J}_x^{\mathrm{T}})^{-1} \\ &= \left( \begin{bmatrix} 1 & -L_2 \end{bmatrix} \begin{bmatrix} \dfrac{1}{m_1 + m_2} & 0 \\ 0 & \dfrac{1}{I_{C2}} \end{bmatrix} \begin{bmatrix} 1 \\ -L_2 \end{bmatrix} \right)^{-1} \\ &= \left( \frac{1}{m_1 + m_2} + \frac{1}{\dfrac{I_{C2}}{L_2^2}} \right)^{-1} \end{aligned} \tag{8.34}$$

式 (8.34) より，$I_{C2}/L_2^2$ が小さければ，$m_1 + m_2$ が小さくなくても $M_x$ は小さくなる。ここで，$m_1 + m_2$ は，第 1 関節の加速度運動にかかわる慣性負荷を，マニピュレータ先端の $X$ 軸方向の慣性負荷に換算したものであるが，この場合，両者は同じである。また，$I_{C2}/L_2^2$ は，第 2 関節の角加速度運動にかかわる慣性モーメント $I_{C2}$ を，マニピュレータ先端の $X$ 軸方向の慣性負荷に換算したものであり，質量の次元をもつ。これらのことから，式 (8.34) の物理的な意味を解釈すると，つぎのようになる。すなわち，図 8.4 の第 1 関節だけをもつマニピュレータの $X$ 軸方向の手先慣性は $m_1$ であるが，第 2 関節を付加することにより，$I_{C2}/L_2^2$ が $m_1$ に比べて十分小さければ，$m_2$ があまり小さくなくても，$M_x$ の値は $I_{C2}/L_2^2$ に近い小さな値となる。

なお，式 (8.31) が成立しない場合，$\boldsymbol{M}$ は対角行列とはならず，式 (8.34) に対応する $M_x$ は見通しのよいものにはならない。しかしながら，本例題の冗長マニピュレータは，式 (8.23) により表される 2 入力 1 出力の構造が，式 (8.29) で表される手先慣性をつくり出しているので，$\boldsymbol{J}_x$ と $\boldsymbol{M}$ により低慣性化が図られうるといえる。このような冗長マニピュレータにおける低慣性化については，文献 27)〜30) におけるコンプライアント動作の生成に利用されている。

## 8.3　パラレル・マニピュレータの駆動冗長性

### 8.3.1　基礎式と駆動冗長性

パラレル・マニピュレータの基礎式である運動学，静力学，および動力学は，7 章よりつぎのようにまとめられる。

$$\boldsymbol{q} = \boldsymbol{f}_{PM}(\boldsymbol{r}) \tag{8.35}$$

$$\dot{\boldsymbol{q}} = \boldsymbol{J}\dot{\boldsymbol{r}}, \quad \boldsymbol{J} = \frac{\partial \boldsymbol{f}_{PM}(\boldsymbol{r})}{\partial \boldsymbol{r}^{\mathrm{T}}} \tag{8.36}$$

$$\ddot{\boldsymbol{q}} = \boldsymbol{J}\ddot{\boldsymbol{r}} + \dot{\boldsymbol{J}}\dot{\boldsymbol{r}} \tag{8.37}$$

$$\boldsymbol{F} = \boldsymbol{J}^{\mathrm{T}}\boldsymbol{\tau}_q \tag{8.38}$$

$$\boldsymbol{M}\ddot{\boldsymbol{r}} + \boldsymbol{h} = \boldsymbol{F} + \boldsymbol{F}_E \tag{8.39}$$

これらの式の諸量は以下の通りである。

$\boldsymbol{q} \in \boldsymbol{R}^l$：能動関節の関節変数
$\boldsymbol{r} \in \boldsymbol{R}^m$：手先位置
$\boldsymbol{J} \in \boldsymbol{R}^{l\times m}$：ヤコビ行列
$\boldsymbol{\tau}_q \in \boldsymbol{R}^l$：関節駆動力
$\boldsymbol{F} \in \boldsymbol{R}^m$：手先力
$\boldsymbol{F}_E \in \boldsymbol{R}^m$：手先外力
$\boldsymbol{M} \in \boldsymbol{R}^{m\times m}$：慣性行列

$\boldsymbol{h} \in \boldsymbol{R}^m$　　：遠心力・コリオリ力項と重力項

ここで，$l$ はアクチュエータで駆動される能動関節を対象とするときの関節変数の数であることに注意されたい。また，$m$ は手先可動部の運動制御の対象とする手先位置変数の数である。ここでも，手先の 2 成分以上の姿勢を対象とする場合は，手先速度を $\dot{\boldsymbol{r}} = [\,\dot{\boldsymbol{p}}^{\mathrm{T}}\ \boldsymbol{\omega}^{\mathrm{T}}\,]^{\mathrm{T}}$（$\boldsymbol{p}$ は手先並進位置，$\boldsymbol{\omega}$ は手先角速度ベクトル）などと扱う必要がある。

この $l$ と $m$ を用いると，パラレル・マニピュレータの駆動冗長性は，8.1.2 項の例のように

$$l > m \tag{8.40}$$

のときに生じる。

### 8.3.2　駆動冗長性の利用

ここでは，パラレル・マニピュレータの駆動冗長性が，マニピュレータの高加速性に有効であることを示そう。

8.1.2 項で述べた駆動冗長性を有する並進 1DOF マニピュレータを図 **8.5** に示す。図中の諸量は 8.1.2 項と同じである。ただし，動力学に関する以下の諸量を追加している。

$f_{Si}$ ：第 $i$ サブアームから手先可動部に加わる力 $(i = 1, 2)$

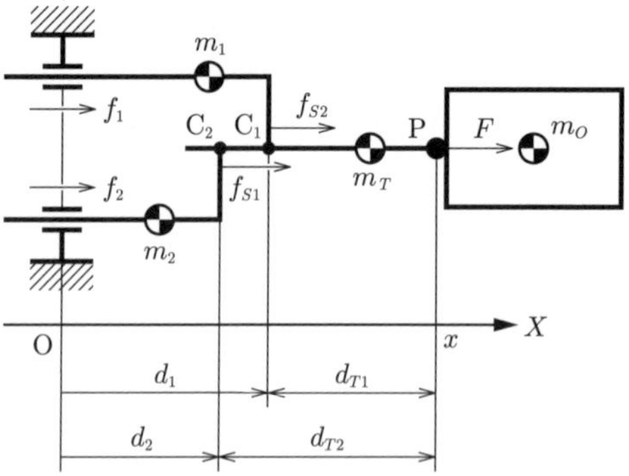


図 **8.5**　駆動冗長性の利用

$\boldsymbol{F}_S = [\, f_{S1} \ f_{S2} \,]^{\mathrm{T}}$：手先可動部に加わる力

$m_i$ ：第 $i$ サブアームの質量 $(i = 1, 2)$

$m_T$：手先可動部の質量

$m_O$：対象物の質量

このパラレル・マニピュレータの各部の運動方程式を 7.2 節と同様に求めると，次式のようになる。

$$\boldsymbol{M}_S \, \ddot{\boldsymbol{q}} = \boldsymbol{\tau} - \boldsymbol{J}_S^{\mathrm{T}} \boldsymbol{F}_S \tag{8.41}$$

$$\boldsymbol{J}_S = \begin{bmatrix} 1 & 0 \\ 0 & 1 \end{bmatrix} \tag{8.42}$$

$$\boldsymbol{M}_S = \begin{bmatrix} m_1 & 0 \\ 0 & m_2 \end{bmatrix} \tag{8.43}$$

$$m_T \, \ddot{x} = \boldsymbol{J}_T^{\mathrm{T}} \boldsymbol{F}_S \tag{8.44}$$

$$\boldsymbol{J}_T = \begin{bmatrix} 1 \\ 1 \end{bmatrix} \tag{8.45}$$

また，式 (8.37) と式 (7.21) より，次式が成り立つ。

$$\ddot{\boldsymbol{q}} = \boldsymbol{J} \ddot{x} \tag{8.46}$$

$$\boldsymbol{J} = \boldsymbol{J}_S^{-1} \boldsymbol{J}_T = \begin{bmatrix} 1 \\ 1 \end{bmatrix} \tag{8.47}$$

よって，式 (8.41), (8.44), (8.46), (8.47)，および式 (8.10) より，つぎの運動方程式を得る。

$$(m_T + \boldsymbol{J}^{\mathrm{T}} \boldsymbol{M}_S \boldsymbol{J}) \, \ddot{x} = F \tag{8.48}$$

$$m_T + \boldsymbol{J}^{\mathrm{T}} \boldsymbol{M}_S \boldsymbol{J} = m_T + \begin{bmatrix} 1 & 1 \end{bmatrix} \begin{bmatrix} m_1 & 0 \\ 0 & m_2 \end{bmatrix} \begin{bmatrix} 1 \\ 1 \end{bmatrix}$$

$$= m_T + m_1 + m_2 \tag{8.49}$$

$$F = \boldsymbol{J}^{\mathrm{T}}\boldsymbol{\tau} = f_1 + f_2 \tag{8.50}$$

式 (8.50) の $F$ は，関節駆動力を手先可動部に等価変換したものであり，駆動冗長性により二つの関節駆動力の和として現れている。よって，このパラレル・マニピュレータは高加速性に優れたものとなりうる。ただし，実際の高加速性は式 (8.48) の左辺に現れている機構全体の質量 $m_T + \boldsymbol{J}^{\mathrm{T}}\boldsymbol{M}_S\boldsymbol{J}\,(= m_T + m_1 + m_2)$ と対象物の質量 $m_O$ の和に左右されることになる。

## 章 末 問 題

【1】 8.2.2 項の 2DOF マニピュレータが $\theta_2 = 0$ の姿勢をとるとき，式 (8.29) の $M_x$ の値を求め，マニピュレータの冗長性の観点から考察せよ。

【2】 8.3.2 項のパラレル・マニピュレータのサブアームが同一であるとき，高加速性がどのようなときに期待できるか，式 (8.49)，(8.50) を用いて述べよ。

# 9 運動制御における機構学の利用

本章では，マニピュレータの運動制御において，運動学や静力学，あるいは動力学がどのように利用されるかについて説明する。なお，対象とするマニピュレータはシリアル・マニピュレータを基本とし，パラレル・マニピュレータ（パラレル・メカニズム）については適宜補足する。

## 9.1 手先位置制御

### 9.1.1 逆運動学と関節位置制御を用いた手先位置制御

**図 9.1** に示す逆運動学と**関節位置制御**（joint position control）を用いた手先位置制御則は，PID 制御として微分先行型 PD 制御と呼ばれる制御方法を用いるときには

$$\boldsymbol{\tau} = \boldsymbol{K}_P\,(\boldsymbol{q}_d - \boldsymbol{q}) - \boldsymbol{K}_D\,\dot{\boldsymbol{q}} \tag{9.1}$$

と表される。ここで，関節位置 $\boldsymbol{q}$ の目標値 $\boldsymbol{q}_d$ を求める逆運動学は，シリアル・マニピュレータ，パラレル・マニピュレータのそれぞれの場合について，式 (1.7), (7.8) より次式で表される。

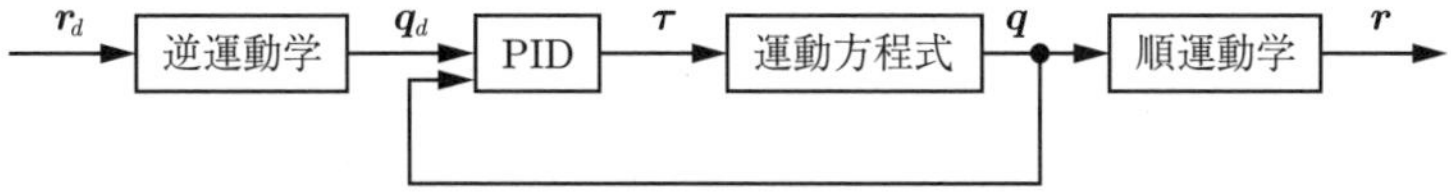


**図 9.1** 逆運動学と関節位置制御を用いた手先位置制御

$$
\boldsymbol{q}_d = \begin{cases} \boldsymbol{f}^{-1}(\boldsymbol{r}_d) & \text{（シリアル・マニピュレータの場合）} \\ \boldsymbol{f}_{PM}(\boldsymbol{r}_d) & \text{（パラレル・マニピュレータの場合）} \end{cases} \tag{9.2}
$$

ただし，$\boldsymbol{r}_d$ は手先位置 $\boldsymbol{r}$ の目標値である。この場合における**制御量**（controlled variable）は関節位置 $\boldsymbol{q}$ であり，**操作量**（manipulating variable）は関節駆動力 $\boldsymbol{\tau}$ であり，$\boldsymbol{q}$ がその目標値 $\boldsymbol{q}_d$ に追従するときには，$\boldsymbol{r}$ もその目標値 $\boldsymbol{r}_d$ に追従することになる。なお，関節位置ではなく手先位置の追従性を直接評価したい場合は，計算機上で順運動学を用いて $\boldsymbol{q}$ から $\boldsymbol{r}$ を求め，$\boldsymbol{r}_d$ と比較すればよい。

ここで，例えば逆運動学の計算に時間を要する場合やサーボ周期を短くしたい場合には，コントローラ内のプログラム上で，$\boldsymbol{q}$ や $\boldsymbol{\tau}$ の入出力と式 (9.1) の演算を一つにまとめ，式 (9.2) の演算と別周期にすることも可能である[37)]。その場合，式 (9.1) に運動学などの演算が入らないため，関節ごとの短い周期の制御が行いやすい利点がある。なお，通常の産業用ロボットでは，1 ms 以下の周期で入出力と式 (9.1) に対応する演算が実行される場合が多い。

なお，図 9.1 について，通常のブロック線図は，線形な系を対象として時間領域ではなく周波数領域における変数を用いて表されるものであるが，図に示すブロック線図はそうした通常のブロック線図とは異なることに注意されたい。

### 9.1.2　静力学関係式を用いた手先位置制御

**図 9.2** に示す**手先復元力**（endpoint restoring force）に注目した手先位置制

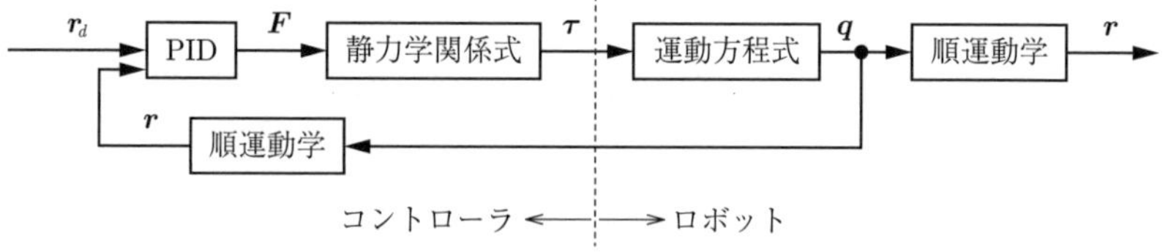


図 **9.2**　静力学関係式に注目した手先位置制御

御則は，手先復元力 $\boldsymbol{F}$ を算出する PID 制御として微分先行型 PD 制御を用いるときには

$$\boldsymbol{\tau} = \boldsymbol{J}^{\mathrm{T}}\boldsymbol{F} \tag{9.3}$$

$$\boldsymbol{F} = \boldsymbol{K}_P(\boldsymbol{r}_d - \boldsymbol{r}) - \boldsymbol{K}_D\dot{\boldsymbol{r}} \tag{9.4}$$

$$\dot{\boldsymbol{r}} = \frac{d}{dt}\boldsymbol{r} \tag{9.5}$$

$$\boldsymbol{r} = \boldsymbol{f}(\boldsymbol{q}) \tag{9.6}$$

と表される。ただし，式 (9.3), (9.6) はシリアル・マニピュレータの場合に成立するものであり，パラレル・マニピュレータの場合には後述の式 (9.7), (9.8) が成立する。この制御則における手先復元力は，式 (9.4) により人工的に発生する力であり，マニピュレータの手先を目標値の方向に動作させるために用いられる。この場合の制御量は手先位置 $\boldsymbol{r}$ であり，操作量は関節駆動力 $\boldsymbol{\tau}$ である。なお，図 9.2 の破線より右側は制御対象であるロボット，左側は制御則（PID）を含むコントローラであることに注意されたい。すなわち，図中には「順運動学」と記入されたブロックが二つあるが，右側の順運動学は $\boldsymbol{q}$ を変化させると $\boldsymbol{r}$ が従動的に変化するロボット機構を表し，左側の順運動学はコントローラ内部において $\boldsymbol{q}$ から $\boldsymbol{r}$ を算出するプログラムを表す。

この方法では，目標位置に追従させるために想定した手先力 $\boldsymbol{F}$ を式 (9.4) により算出し，これを式 (9.3) の静力学の関係を用いて関節駆動力 $\boldsymbol{\tau}$ に分配する。ただし，通常は，手先位置 $\boldsymbol{r}$ や手先速度 $\dot{\boldsymbol{r}}$ を直接センサで計測するかわりに，エンコーダにより検出する関節位置 $\boldsymbol{q}$ に対して，式 (9.6) や式 (9.5) を用いて算出した $\boldsymbol{r}$ や $\dot{\boldsymbol{r}}$ を用いることが多い。

なお，パラレル・マニピュレータの場合には，式 (9.3), (9.6) のかわりに以下の式 (9.7), (9.8) が成立する。

$$\boldsymbol{r} \ = \boldsymbol{f}_{PM}^{-1}(\boldsymbol{q}) \tag{9.7}$$

$$\boldsymbol{\tau}_q = \begin{cases} \left(\boldsymbol{J}^{\mathrm{T}}\right)^{-1}\boldsymbol{F} & \text{（駆動冗長性のない場合）} \\ \left(\boldsymbol{J}^{\mathrm{T}}\right)^{\dagger}\boldsymbol{F} + \left\{\boldsymbol{E} - \left(\boldsymbol{J}^{\mathrm{T}}\right)^{\dagger}\boldsymbol{J}^{\mathrm{T}}\right\}\boldsymbol{y} & \text{（駆動冗長性のある場合）} \end{cases} \tag{9.8}$$

ここで，式 (9.7) はパラレル・マニピュレータの順運動学方程式であり，式 (9.8) は，パラレル・マニピュレータの静力学関係式である式 (7.23) を $\boldsymbol{\tau}_q$ について解いて得られる式である。ただし，能動関節の関節変数の数を $l$，手先位置変数の数を $m$ とすると，駆動冗長性のない場合とは $l = m$ のときであり，駆動冗長性のある場合とは $l > m$ のときを意味する。また，駆動冗長性のある場合について，式 (9.8) の右辺における $(\boldsymbol{J}^{\mathrm{T}})^{\dagger} \in \boldsymbol{R}^{l\times m}$ は $\boldsymbol{J}^{\mathrm{T}} \in \boldsymbol{R}^{m\times l}$ の**疑似逆行列**（pseudo-inverse matrix），$\boldsymbol{E}$ は $l$ 次の単位行列，$\boldsymbol{y}$ は任意の $l$ 次元ベクトルを表しており，右辺第 1 項は手先力 $\boldsymbol{F}$ を生成する駆動力，第 2 項は手先力 $\boldsymbol{F}$ を生成しない駆動力を意味する。なお，ここでは $\boldsymbol{J}^{\mathrm{T}}$ がフルランク，すなわち $\mathrm{rank}\,\boldsymbol{J}^{\mathrm{T}} = m$ であるとしており，このとき疑似逆行列 $(\boldsymbol{J}^{\mathrm{T}})^{\dagger}$ は $(\boldsymbol{J}^{\mathrm{T}})^{\dagger} = \boldsymbol{J}\,(\boldsymbol{J}^{\mathrm{T}}\boldsymbol{J})^{-1}$ で与えられる[38)]。疑似逆行列の一般的性質などの詳細についても，文献 38) を参照されたい。

### 9.1.3　運動方程式を利用した動的制御

ここでは関節変数に関する**線形化補償器**（linearizing compensator）と**サーボ補償器**（servo compensator）から構成される動的制御則について述べる。

ロボットの運動方程式が

$$\boldsymbol{M}(\boldsymbol{q})\,\ddot{\boldsymbol{q}} + \boldsymbol{h}(\boldsymbol{q},\,\dot{\boldsymbol{q}}) = \boldsymbol{\tau} - \boldsymbol{\tau}_f \tag{9.9}$$

と表される場合を考えよう。ここで，$\boldsymbol{M}(\boldsymbol{q})$ は慣性行列，$\boldsymbol{h}(\boldsymbol{q},\,\dot{\boldsymbol{q}})$ は遠心力・コリオリ力項と重力項をあわせた非線形項，$\boldsymbol{\tau}_f$ はクーロン摩擦力と粘性摩擦力をあわせた**摩擦項**（friction term）である。この場合の動的制御則は，以下の通りである[1)]。

$$\text{線形化補償器：}\boldsymbol{\tau} = \hat{\boldsymbol{M}}(\boldsymbol{q})\,\boldsymbol{u} + \hat{\boldsymbol{h}}(\boldsymbol{q},\,\dot{\boldsymbol{q}}) + \hat{\boldsymbol{\tau}}_f \tag{9.10}$$

$$\text{サーボ補償器}：\boldsymbol{u} = \ddot{\boldsymbol{q}}_d + \boldsymbol{K}_D(\dot{\boldsymbol{q}}_d - \dot{\boldsymbol{q}}) + \boldsymbol{K}_P(\boldsymbol{q}_d - \boldsymbol{q}) \tag{9.11}$$

ただし，式 (9.10) の線形化補償器における $\hat{\boldsymbol{M}}(\boldsymbol{q})$，$\hat{\boldsymbol{h}}(\boldsymbol{q}, \dot{\boldsymbol{q}})$，$\hat{\boldsymbol{\tau}}_f$ はそれぞれ，$\boldsymbol{M}(\boldsymbol{q})$，$\boldsymbol{h}(\boldsymbol{q}, \dot{\boldsymbol{q}})$，$\boldsymbol{\tau}_f$ の推定値を表し，これらの値は同定試験により得ることができる。この制御則を**図 9.3** に示す。図中で「$\hat{\boldsymbol{h}}(\boldsymbol{q}, \dot{\boldsymbol{q}}) + \hat{\boldsymbol{\tau}}_f$」と記入しているブロックは，$\boldsymbol{q}$ を時間で微分して $\dot{\boldsymbol{q}}$ を求め，遠心力・コリオリ力項，重力項，および摩擦項の推定値を算出することを意味しており，通常の伝達ブロックとは異なることに注意されたい。

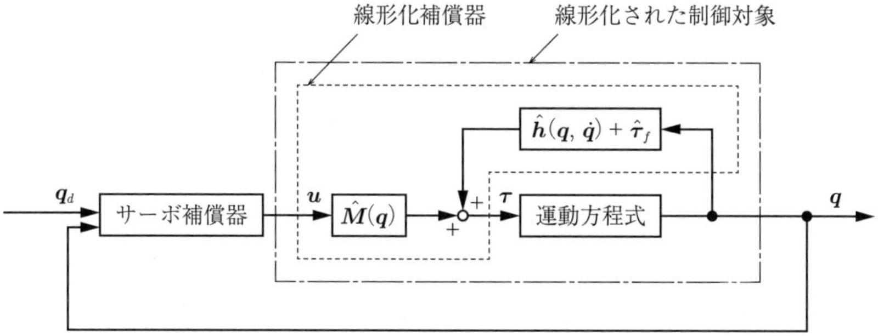


**図 9.3**　関節変数に関する動的制御

式 (9.10) の線形化補償器が算出する駆動力 $\boldsymbol{\tau}$ を式 (9.9) に代入すると，推定値が真値と等しい場合には

$$\ddot{\boldsymbol{q}} = \boldsymbol{u} \tag{9.12}$$

を得る。式 (9.12) は成分を明記すると

$$\begin{bmatrix} \ddot{q}_1 \\ \vdots \\ \ddot{q}_n \end{bmatrix} = \begin{bmatrix} u_1 \\ \vdots \\ u_n \end{bmatrix} \tag{9.13}$$

となる。式 (9.12) は，制御対象が線形かつ非干渉な系に**線形化**（linearization）されたことを意味する。式 (9.12) に式 (9.11) のサーボ補償器が算出する $\boldsymbol{u}$ を代入すると次式を得る。

$$\begin{cases} \ddot{\boldsymbol{e}} + \boldsymbol{K}_D\,\dot{\boldsymbol{e}} + \boldsymbol{K}_P\,\boldsymbol{e} = \boldsymbol{0} \\ \boldsymbol{e} = \boldsymbol{q}_d - \boldsymbol{q} \end{cases} \tag{9.14}$$

ここで例えば，$\boldsymbol{K}_D = \mathrm{diag.}(2\zeta\omega_n, \cdots, 2\zeta\omega_n)$，$\boldsymbol{K}_P = \mathrm{diag.}(\omega_n^2, \cdots, \omega_n^2)$ と置けば，偏差 $\boldsymbol{e} = [\,e_1 \ \cdots \ e_n\,]^{\mathrm{T}}$ の各成分 $e_i$ は標準的な 2 次系の挙動を示しながら同時に 0 に収束する。実際には，線形化補償器の中で用いる推定値は，真値と一致せずモデル化誤差をもつため，偏差の挙動はモデル化誤差に応じて式 (9.14) の挙動とずれることになる。また，モデル化誤差が大きい場合には，式 (9.11) を修正して I 動作を導入するなど，サーボ補償器の変更が必要となる。

なお，運動学の関係式を用いることにより，手先位置に関する動的制御系を構成することも可能である。

## 9.2　力　制　御

### 9.2.1　転置ヤコビ行列を用いた手先力制御

シリアル・マニピュレータに対して，手先力でサーボ系を構成する手先力制御則の一例は，以下で表される。

$$\boldsymbol{\tau} = \boldsymbol{J}^{\mathrm{T}}\boldsymbol{F} \tag{9.15}$$

$$\boldsymbol{F} = \boldsymbol{K}_P(\boldsymbol{F}_d - \boldsymbol{F}) + \boldsymbol{K}_I \int (\boldsymbol{F}_d - \boldsymbol{F})\,dt \tag{9.16}$$

ただし，$\boldsymbol{F}_d$ は手先力 $\boldsymbol{F}$ の目標値である。また，手先力を表す変数の数を $m$ とすると，$\boldsymbol{K}_P = \mathrm{diag.}(K_{P1}, K_{P2}, \cdots, K_{Pm})$，$\boldsymbol{K}_I = \mathrm{diag.}(K_{I1}, K_{I2}, \cdots, K_{Im})$ であり，$K_{Pi}$ と $K_{Ii}\,(i = 1, 2, \cdots, m)$ は，制御系を安定化させるように定める必要がある。

マニピュレータの手先が壁などに接触していて，その運動方向の一部が拘束されているとき，拘束されている方向には上述の力制御を行い，そうでない方向には 9.1 節で述べた手先位置制御を行う，位置と力の**ハイブリッド制御**（hybrid control）が提案されている[39), 40)]。

なお，9.1 節までと同様に，パラレル・マニピュレータの場合にはそれに対応する運動学と静力学関係式を用いることとなる。

### 9.2.2 運動方程式を利用したインピーダンス制御

まず，1DOF のマニピュレータを用いてインピーダンス制御の概要[1)] を述べる。1DOF のマニピュレータの運動方程式は，次式で表される。

$$M\ddot{q} + h = \tau + \tau_E \tag{9.17}$$

ただし，$\tau_E$ は関節に働く外力である。**インピーダンス制御**（impedance control）は，運動方程式が式 (9.17) で表されるようなマニピュレータに対して，例えば次式で表される望みの挙動を実現するためのものである。

$$M_d\ddot{q} + D_d\dot{q} + K_d(q - q_d) = \tau_E \tag{9.18}$$

ただし，$M_d$, $D_d$, $K_d$ はそれぞれ，望みの慣性，粘性，剛性を表す。このように，インピーダンス制御は，マニピュレータの動力学的な特性を望ましいものとするための制御方法である。

ここで，式 (9.18) で表される挙動を実現するための制御則を求めてみよう。制御則は式 (9.17)，(9.18) より導出されるが，一般にはつぎに示すように外力 $\tau_E$ の計測，あるいは関節加速度 $\ddot{q}$ の検出が必要となる。

**(1)　外力 $\boldsymbol{\tau_E}$ が計測できる場合**

式 (9.17), (9.18) より，$\ddot{q}$ を消去してつぎの制御則を得る。

$$\tau = (MM_d^{-1} - 1)\tau_E - MM_d^{-1}\{D_d\dot{q} + K_d(q - q_d)\} + h \tag{9.19}$$

**(2)　関節加速度 $\boldsymbol{\ddot{q}}$ が検出できる場合**

式 (9.17), (9.18) より，$\tau_E$ を消去してつぎの制御則を得る。

$$\tau = (M - M_d)\ddot{q} - D_d\dot{q} - K_d(q - q_d) + h \tag{9.20}$$

なお，望みの慣性をもとの慣性から変えないように $M_d = M$ とする場合には，式 (9.19), (9.20) はともに

$$\tau = K_d\,(q_d - q) - D_d\,\dot{q} + h \tag{9.21}$$

となり，外力の計測も関節加速度の検出も不要な制御則となる。

つぎに，一般のシリアル・マニピュレータに対するインピーダンス制御則[41)]を導出する。まず，準備として運動学，静力学，動力学に関するつぎの式を求めておく。なお，ここでは $\boldsymbol{M(q)}$，$\boldsymbol{h}(\boldsymbol{q}, \dot{\boldsymbol{q}})$ を $\boldsymbol{M}$，$\boldsymbol{h}$ として表記する。

$$\text{手先位置}\quad : \boldsymbol{r} = \boldsymbol{f}(\boldsymbol{q}) \tag{9.22}$$

$$\text{手先速度}\quad : \dot{\boldsymbol{r}} = \boldsymbol{J}\dot{\boldsymbol{q}}, \quad \boldsymbol{J} = \frac{\partial \boldsymbol{f}(\boldsymbol{q})}{\partial \boldsymbol{q}^{\mathrm{T}}} \quad \text{（ヤコビ行列）} \tag{9.23}$$

$$\text{手先加速度}\quad : \ddot{\boldsymbol{r}} = \boldsymbol{J}\ddot{\boldsymbol{q}} + \dot{\boldsymbol{J}}\dot{\boldsymbol{q}} \tag{9.24}$$

$$\text{静力学関係式} : \boldsymbol{\tau}_E = \boldsymbol{J}^{\mathrm{T}}\boldsymbol{F}_E \tag{9.25}$$

$$\text{制御対象}\quad : \boldsymbol{M}\ddot{\boldsymbol{q}} + \boldsymbol{h} = \boldsymbol{\tau} + \boldsymbol{J}^{\mathrm{T}}\boldsymbol{F}_E \tag{9.26}$$

ただし，$\boldsymbol{F}_E$ は手先外力である。ここで，マニピュレータの望みの挙動が次式で表されるものとする。

$$\boldsymbol{M}_d\,\ddot{\boldsymbol{r}} + \boldsymbol{D}_d\,\dot{\boldsymbol{r}} + \boldsymbol{K}_d\,\boldsymbol{r}_e = \boldsymbol{F}_E \tag{9.27}$$

ただし

$$\boldsymbol{r}_e = \boldsymbol{r} - \boldsymbol{r}_d \tag{9.28}$$

である。

制御則は式 (9.26), (9.27) により導出されるが，1DOF マニピュレータの場合と同様に，一般にはつぎに示すように外力 $\boldsymbol{F}_E$ の計測，あるいは関節加速度 $\ddot{\boldsymbol{q}}$ の検出が必要となる。

**(1)　外力 $\boldsymbol{F_E}$ が計測できる場合**

まず，式 (9.24) を $\ddot{\boldsymbol{q}}$ について解き，さらに式 (9.27) を用いて $\ddot{\boldsymbol{r}}$ を消去する。

$$\begin{aligned}\ddot{\boldsymbol{q}} &= \boldsymbol{J}^{-1}(\ddot{\boldsymbol{r}} - \dot{\boldsymbol{J}}\dot{\boldsymbol{q}})\\ &= \boldsymbol{J}^{-1}\left\{\boldsymbol{M}_d^{-1}(\boldsymbol{F}_E - \boldsymbol{D}_d\,\dot{\boldsymbol{r}} - \boldsymbol{K}_d\,\boldsymbol{r}_e) - \dot{\boldsymbol{J}}\dot{\boldsymbol{q}}\right\}\end{aligned} \tag{9.29}$$

この $\ddot{\boldsymbol{q}}$ を式 (9.26) に代入して $\boldsymbol{\tau}$ について解き，次式を得る。

$$
\begin{aligned}
\boldsymbol{\tau} &= \boldsymbol{M}\ddot{\boldsymbol{q}} + \boldsymbol{h} - \boldsymbol{J}^{\mathrm{T}}\boldsymbol{F}_E \\
&= \boldsymbol{M}\boldsymbol{J}^{-1}\left\{\boldsymbol{M}_d^{-1}(\boldsymbol{F}_E - \boldsymbol{D}_d\dot{\boldsymbol{r}} - \boldsymbol{K}_d\boldsymbol{r}_e) - \dot{\boldsymbol{J}}\dot{\boldsymbol{q}}\right\} + \boldsymbol{h} - \boldsymbol{J}^{\mathrm{T}}\boldsymbol{F}_E \\
&= (\boldsymbol{M}\boldsymbol{J}^{-1}\boldsymbol{M}_d^{-1} - \boldsymbol{J}^{\mathrm{T}})\boldsymbol{F}_E - \boldsymbol{M}\boldsymbol{J}^{-1}\boldsymbol{M}_d^{-1}(\boldsymbol{D}_d\dot{\boldsymbol{r}} + \boldsymbol{K}_d\boldsymbol{r}_e) \\
&\quad - \boldsymbol{M}\boldsymbol{J}^{-1}\dot{\boldsymbol{J}}\dot{\boldsymbol{q}} + \boldsymbol{h}
\end{aligned} \tag{9.30}
$$

### (2)　関節加速度 $\ddot{\boldsymbol{q}}$ が検出できる場合

まず，式 (9.27) の $\ddot{\boldsymbol{r}}$ に式 (9.24) を代入し，$\boldsymbol{F}_E$ について表すと

$$
\boldsymbol{F}_E = \boldsymbol{M}_d(\boldsymbol{J}\ddot{\boldsymbol{q}} + \dot{\boldsymbol{J}}\dot{\boldsymbol{q}}) + \boldsymbol{D}_d\dot{\boldsymbol{r}} + \boldsymbol{K}_d\boldsymbol{r}_e \tag{9.31}
$$

を得る。これを式 (9.26) に代入して $\boldsymbol{\tau}$ について解き，次式を得る。

$$
\begin{aligned}
\boldsymbol{\tau} &= \boldsymbol{M}\ddot{\boldsymbol{q}} + \boldsymbol{h} - \boldsymbol{J}^{\mathrm{T}}\left\{\boldsymbol{M}_d(\boldsymbol{J}\ddot{\boldsymbol{q}} + \dot{\boldsymbol{J}}\dot{\boldsymbol{q}}) + \boldsymbol{D}_d\dot{\boldsymbol{r}} + \boldsymbol{K}_d\boldsymbol{r}_e\right\} \\
&= (\boldsymbol{M} - \boldsymbol{J}^{\mathrm{T}}\boldsymbol{M}_d\boldsymbol{J})\ddot{\boldsymbol{q}} - \boldsymbol{J}^{\mathrm{T}}(\boldsymbol{D}_d\dot{\boldsymbol{r}} + \boldsymbol{K}_d\boldsymbol{r}_e) - \boldsymbol{J}^{\mathrm{T}}\boldsymbol{M}_d\dot{\boldsymbol{J}}\dot{\boldsymbol{q}} + \boldsymbol{h}
\end{aligned} \tag{9.32}
$$

さて，ここで 1DOF マニピュレータの場合と同様に，もとの慣性を変えない場合を考えよう。式 (9.24) を $\ddot{\boldsymbol{q}}$ について解いて式 (9.26) に代入すると

$$
\boldsymbol{M}\left\{\boldsymbol{J}^{-1}(\ddot{\boldsymbol{r}} - \dot{\boldsymbol{J}}\dot{\boldsymbol{q}})\right\} + \boldsymbol{h} = \boldsymbol{\tau} + \boldsymbol{J}^{\mathrm{T}}\boldsymbol{F}_E
$$

となる。さらに，左側から $\boldsymbol{J}^{-\mathrm{T}}(=(\boldsymbol{J}^{\mathrm{T}})^{-1})$ をかけると

$$
\boldsymbol{J}^{-\mathrm{T}}\boldsymbol{M}\boldsymbol{J}^{-1}\ddot{\boldsymbol{r}} - \boldsymbol{J}^{-\mathrm{T}}\boldsymbol{M}\boldsymbol{J}^{-1}\dot{\boldsymbol{J}}\dot{\boldsymbol{q}} + \boldsymbol{J}^{-\mathrm{T}}\boldsymbol{h} = \boldsymbol{J}^{-\mathrm{T}}\boldsymbol{\tau} + \boldsymbol{F}_E
$$

を得る。これを整理して，手先加速度 $\ddot{\boldsymbol{r}}$ と手先外力 $\boldsymbol{F}_E$ に着目した運動方程式として

$$
\boldsymbol{M}_r\ddot{\boldsymbol{r}} + \boldsymbol{h}_r = \boldsymbol{J}^{-\mathrm{T}}\boldsymbol{\tau} + \boldsymbol{F}_E \tag{9.33}
$$

を得る。ただし

$$M_r = J^{-\mathrm{T}} M J^{-1} = (J M^{-1} J^{\mathrm{T}})^{-1} \tag{9.34}$$

$$h_r = J^{-\mathrm{T}} h - M_r \dot{J} \dot{q} \tag{9.35}$$

である。式 (9.34) の $M_r$ は機構本来の慣性 $M$ を手先で表現したものである。

そこで，いま

$$M_d = M_r \, (= J^{-\mathrm{T}} M J^{-1}) \tag{9.36}$$

とすることを考える。このとき，式 (9.30), (9.32) 中の $MJ^{-1}M_d^{-1}$，$J^{\mathrm{T}}M_dJ$，$J^{\mathrm{T}}M_d$ はそれぞれ

$$MJ^{-1}M_d^{-1} = MJ^{-1}(JM^{-1}J^{\mathrm{T}}) = J^{\mathrm{T}} \tag{9.37}$$

$$J^{\mathrm{T}}M_dJ = J^{\mathrm{T}}(J^{-\mathrm{T}}MJ^{-1})\,J = M \tag{9.38}$$

$$J^{\mathrm{T}}M_d = J^{\mathrm{T}}J^{-\mathrm{T}}MJ^{-1} = MJ^{-1} \tag{9.39}$$

となる。よって，これらより，式 (9.30), (9.32) はともに

$$\begin{aligned} \tau &= -J^{\mathrm{T}}(D_d\,\dot{r} + K_d\,r_e) - MJ^{-1}\dot{J}\,\dot{q} + h \\ &= J^{\mathrm{T}}\{-D_d\,\dot{r} + K_d\,(r_d - r)\} - MJ^{-1}\dot{J}\,\dot{q} + h \end{aligned} \tag{9.40}$$

となり，手先外力の計測も関節加速度の検出も不要な制御則となる。

さらに，アームがゆっくりとした動きで

$$\begin{cases} \dot{r} = 0 \\ \dot{J}\dot{q} = 0 \\ h = 0 \end{cases} \tag{9.41}$$

と見なすことができ，かつ偏差に関して

$$r_d - r = J\,(q_d - q) \tag{9.42}$$

と見なせるときには，式 (9.40) の制御則は次式の**剛性制御則**（stiffness control law）となる[42)]。

$$\tau = J^{\mathrm{T}} K_d\, J\,(q_d - q) \tag{9.43}$$

なお，9.1 節までと同様に，パラレル・マニピュレータの場合にはそれに対応する運動学と静力学関係式を用いることとなる。

以上に述べたように，本書で扱う運動学，静力学，動力学はマニピュレータの運動制御にさまざまな形で利用される。

## 章　末　問　題

【1】 8.1.2 項の駆動冗長性を有する並進 1DOF マニピュレータにおいて，手先力 $F_0$ を生成する関節駆動力 $\boldsymbol{\tau}$ を求めよ。

【2】 例題 4.1 の 2DOF マニピュレータに対して剛性制御則を求めよ。また，$\theta_1 = 0$, $\theta_2 = \pi/2$ のときの制御則を考察せよ。

# 付　　　　　録

関数 atan2 $(\cdot,\cdot)$ は，関数 atan $(\cdot,\cdot)$ のかわりによく使われる。両者の定義は以下の通りである。

$$\mathrm{atan}\,(b,\,a) = \tan^{-1}\left(\frac{b}{a}\right) \tag{A.1}$$

$$\mathrm{atan2}\,(b,\,a) = \arg(a + jb) \tag{A.2}$$

ここで，$a, b$ は任意の実数を表す。また，式 (A.2) の右辺において，$j$ は虚数単位であり，$\arg(a+jb)$ は図 **A.1** に示すように複素数 $a+jb$ の偏角を表す。atan と atan2 には，以下のような違いがある。

(1)　関数の戻り値の範囲が，atan では $-\pi/2 < \mathrm{atan}\,(b,\,a) < \pi/2$ であるが，atan2 では $-\pi < \mathrm{atan2}\,(b,\,a) \leqq \pi$ である。

(2)　atan は $\pm\pi/2$ 近傍で精度が低くなるが，ロボットの制御にもよく使用されるシステムに組み込まれた関数 atan2 においては，精度が低くならないようにつくられている。

(3)　atan は $a=0$ の場合には定義されない。一方，atan2 は $a=0$ の場合にも定義される。ただし，$a=b=0$ の場合には，atan2 は不定となる。

上記の (1) については，例えば $a>0,\ b>0$ とするとき，$\mathrm{atan2}\,(-b,\,-a)$ は図 **A.2** に示すように $-\pi < \mathrm{atan2}\,(-b,\,-a) < -\pi/2$ となるが，$\mathrm{atan}\,(-b,\,-a)$ については，式 (A.2) より

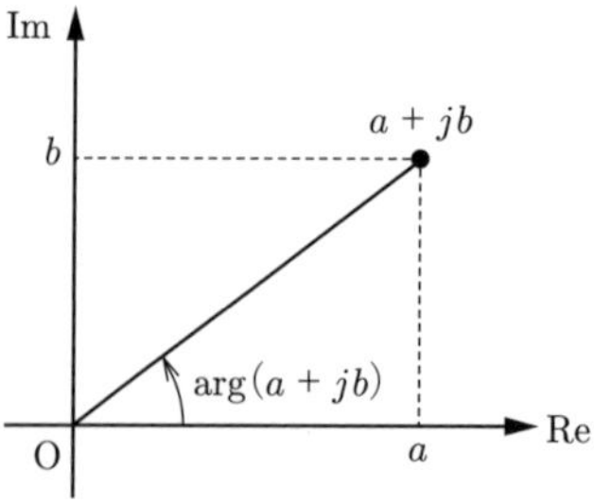


図 **A.1**　複素数 $a+jb$ の偏角

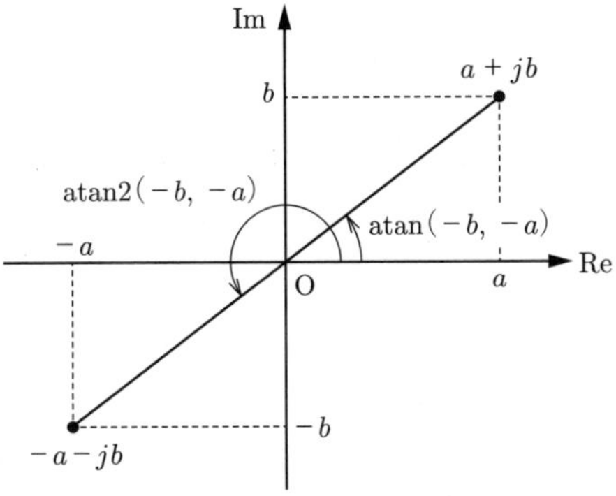


図 **A.2**　atan と atan2 の戻り値の違い

$$
\begin{aligned}
\mathrm{atan}\,(-b,\,-a) &= \tan^{-1}\left(\frac{-b}{-a}\right) \\
&= \tan^{-1}\left(\frac{b}{a}\right) \\
&= \mathrm{atan}\,(b,\,a)
\end{aligned}
\tag{A.3}
$$

となり，図に示すように $0 < \mathrm{atan}\,(-b, -a) < \pi/2$ となる。

なお，atan2 について，複素数 $a + jb$ の偏角 $\arg(a + jb)$ が $\pi$ から $2\pi$ の範囲にある場合には，atan2 $(b, a)$ の戻り値の範囲を (1) で述べたようなものにするため，偏角を $\arg(a + jb) - 2\pi$ として扱うことに注意されたい。

# 引用・参考文献


1）吉川恒夫：ロボット制御基礎論，コロナ社（1988）

2）日本ロボット学会 編：新版ロボット工学ハンドブック，コロナ社（2005）

3）内山 勝，中村仁彦：ロボットモーション，岩波書店（2004）

4）R. P. Paul：Robot Manipulators: Mathematics, Programming, and Control, MIT Press, Cambridge, Mass.（1981）（吉川恒夫訳：ロボット・マニピュレータ，コロナ社（1984））

5）J. J. Craig：Introduction to Robotics: Mechanics and Contorl; 3rd Edition, Prentice Hall（2004）

6）H. Asada and J. -J. E. Slotine：Robot Analysis and Control, John Wiley and Sons, New York, N.Y.（1986）

7）原島 鮮：力学 I，裳華房（1973）

8）原島 鮮：力学 II，裳華房（1973）

9）J. Denavit and R. S. Hartenberg：A Kinematic Notation for Lower-Pair Mechanisms Based on Matrices, Journal of Applied Mechanics, Vol.77, pp.215-221（1955）

10）牧野 洋，村田 誠，古屋信幸：SCARA ロボットの開発，精密機械，Vol.48，No.3，pp.378-383（1982）

11）J. Y. S. Luh, M. W. Walker and R. P. C. Paul：On-line Computational Scheme for Mechanical Manipulators, ASME Journal of Dynamic Systems, Measurement and Control, Vol.102, pp.69-76（1980）

12）D. Stewart：A Platform with Six degrees of Freedom, Proceedings of the Institution of Mechanical Engineers, Vol.180, Part 1, No.15, pp.371-386（1965-1966）

13）R. Clavel：DELTA, A Fast Robot with Parallel Geometry, Proceedings of the 18th International Symposium on Industrial Robots, pp.91-100（1988）

14）内山 勝，飯村憲一，多羅尾進，フランソワ・ピエロ，外山 修：6 自由度高速パラレルロボット HEXA の開発，日本ロボット学会誌，Vol.12，No.3，pp.451-458（1994）

15) K. Nagai, M. Matsumoto, K. Kimura and B. Masuhara：Development of Parallel Manipulator "NINJA" with Ultra-High-Acceleration, Proceedings of the 2003 IEEE International Conference on Robotics and Automation, pp.3678-3685（2003）
16) T. Yoshikawa and K. Nagai：Manipulating and Grasping Forces in Manipulation by Multifingered Robot Hands, IEEE Transactions on Robotics and Automation, Vol.7, No.1, pp.67-77（1991）
17) 永井 清，吉川恒夫：多指ハンドの動的操り／掴み制御，計測自動制御学会論文集，Vol.30，No.1，pp.39-47（1994）
18) J. K. Salisbury and J. J. Craig：Articulated Hands: Force Control and Kinematic Issues, International Journal of Robotics Research, Vol.1, No.1, pp.4-17（1982）
19) S. C. Jacobsen, J. E. Wood, D. F. Knutti and K. B. Biggers：The Utah/MIT Dexterous Hand: Work in Progress, International Journal of Robotics Research, Vol.3, No.4, pp.21-50（1984）
20) Y. Nakamura, T. Yoshikawa and K. Nagai：Dynamics and Stability in Coordination of Multiple Robotic Mechanisms, The International Journal of Robotics Research, Vol.8, No.2, pp.44-61（1989）
21) 川村貞夫，崔 源，田中 訓，木野 仁：パラレルワイヤ駆動方式を用いた超高速ロボット FALCON の開発，日本ロボット学会誌，Vol.15，No.1，pp.82-89（1997）
22) M. A. Adli, K. Nagai, K. Miyata and H. Hanafusa：Analysis of Internal Force Effect in Parallel Manipulators, 計測自動制御学会論文集，Vol.27，No.11，pp.1266-1273（1991）
23) 中村仁彦：パラレルメカニズムの動力学，日本ロボット学会誌，Vol.10，No.6，pp.709-714（1992）
24) H. Hanafusa, T. Yoshikawa and Y. Nakamura：Analysis and Control of Articulated Robot Arms with Redundancy, Preprints of the 8th IFAC World Congress, Vol.XIV, pp.78-83（1981）
25) Y. Nakamura, H. Hanafusa and T. Yoshikawa：Task-Priority Based Redundancy Control of Robot Manipulators, The International Journal of Robotics Research, Vol.6, No.2, pp.3-15（1987）
26) 中村仁彦，花房秀郎：関節形ロボットアームの特異点低感度運動分解，計測自動制御学会論文集，Vol.20, No.5, pp.453-459（1984）
27) 永井 清，吉川恒夫：冗長マクロ・マイクロ・マニピュレータのインピーダンス制

御，日本ロボット学会誌，Vol.12，No.5，pp.766-772 (1994)

28) 永井 清，吉川恒夫：アーム・多指ハンド機構による把握と操り，日本ロボット学会誌，Vol.13，No.7，pp.994-1005（1995）

29) K. Nagai and T. Yoshikawa：Impedance Control of Redundant Macro Micro Manipulators, Proceedings of the 1994 IEEE/RSJ International Conference on Intelligent Robots and Systems, Vol.2, pp.1438-1445（1994）

30) K. Nagai and T. Yoshikawa：Grasping and Manipulation by Arm Multi-fingered-Hand Mechanisms, Proceedings of the 1995 IEEE International Conference on Robotics and Automation, pp.1040-1047（1995）

31) K. Nagai, S. Iwasa, Y. Nakagawa and K. Ohno：Development of a Redundant Macro-micro Manipulator for Compliant Motion, Proceedings of the 8th International Conference on Advanced Robotics, pp.707-712（1997）

32) K. Nagai, Y. Ikegami, R. C. V. Loureiro and W. S. Harwin：Proposal of an Admittance Enhanced Redundant Joint Mechanism to Improve Backdrivability, Proceedings of the 2008 IEEE/ASME International Conference on Advanced Intelligent Mechatronics, pp.504-509（2008）

33) K. Nagai, S. Iwasa, K. Watanabe and H. Hanafusa：Cooperative Control of Dual-Arm Robots for Reasonable Motion Distribution, Proceedings of the 1995 IEEE/RSJ International Conference on Intelligent Robots and Systems, Vol.1, pp.54-61（1995）

34) K. Nagai and Z. Liu：Introducing Kinematical a Redundancy into Parallel Mechanism with Force Redundancy, Proceedings of the 2008 IEEE/ASME International Conference on Advanced Intelligent Mechatronics, pp.534-539（2008）

35) 永井 清：パラレルメカニズムの超高速化，日本ロボット学会誌，Vol.30，No.2，pp.130-133（2012）

36) K. Nagai, Y. Nishibu, Y. Dake and A. Yamanaka：Design of a High Speed Parallel Mechanism Based on Virtual Force Redundancy Concept, Proceedings of the 2009 International Conference on Industrial Technology, AF-013315（2009）

37) 吉川恒夫，野瀬松男：マニピュレータの動的制御の階層化に関する研究，システム制御情報学会論文誌，Vol.1，No.7，pp.255-262（1988）

38) 児玉慎三，須田信英：システム制御のためのマトリクス理論，計測自動制御学会（1978）

39) M. H. Raibert and J. J. Craig：Hybrid Position/Force Contorol of Manipulators, ASME Journal of Dynamic Systems, Measurement, and Control, Vol.103, No.2, pp.126-133（1981）

40) T. Yoshikawa, T. Sugie and M. Tanaka：Dynamic Hybrid Position/Force Control of Robot Manipulators–Controller Design and Experiment, IEEE Journal of Robotics and Automation, Vol.4, No.6, pp.699-705（1988）

41) N. Hogan：Impedance Control; An Approach to Manipulation, Parts I-III, ASME Journal of Dynamic Systems, Measurement, and Control, Vol.107, No.1, pp.1-24（1985）

42) J. K. Salisbury：Active Stiffness Control of Manipulator in Cartesian Coordinates, Proceedings of the 19th IEEE Conference on Decision and Control, pp.95-100（1980）

# 章末問題解答

## 3 章

【1】 順運動学は次式で表される。

$$\boldsymbol{r} = \begin{bmatrix} x \\ y \end{bmatrix} = \begin{bmatrix} d_1 + L_2 C_2 \\ L_2 S_2 \end{bmatrix} \tag{1}$$

ただし，$C_2 = \cos\theta_2$，$S_2 = \sin\theta_2$ である。

また，逆運動学は次式で表される。

$$\theta_2 = \sin^{-1}\left(\frac{y}{L_2}\right) \tag{2}$$

$$d_1 = x - L_2 C_2 = x - L_2 \cos\left\{\sin^{-1}\left(\frac{y}{L_2}\right)\right\} \tag{3}$$

【2】 スカラ型ロボットのリンクパラメータを**解表 3.1** に示す。

**解表 3.1** 3DOF マニピュレータのリンクパラメータ

| $i$ | $a_{i-1}$ | $\alpha_{i-1}$ | $d_i$ | $\theta_i$ |
|---|---|---|---|---|
| 1 | 0 | 0 | $H_1$ | $(\theta_1)$ |
| 2 | $L_1$ | 0 | $H_2$ | $(\theta_2)$ |
| 3 | $L_2$ | 0 | $(d_3)$ | 0 |
| 4 | 0 | 0 | 0 | $(\theta_4)$ |

## 4 章

【1】 速度の関係式は次式のようになる。

$$\dot{\boldsymbol{r}} = \boldsymbol{J}\dot{\boldsymbol{\theta}} \tag{1}$$

$$\boldsymbol{J} = \begin{bmatrix} 1 & -L_2 S_2 \\ 0 & L_2 C_2 \end{bmatrix} \tag{2}$$

ここで

$$\begin{cases} \boldsymbol{J} = [\, J_1 \ J_2 \,] \\ J_i \in \boldsymbol{R}^{2\times 1} \quad (i = 1, 2) \end{cases} \tag{3}$$

とすると

$$\begin{cases} \boldsymbol{J}_1 = \begin{bmatrix} 1 \\ 0 \end{bmatrix} \\ \boldsymbol{J}_2 = \begin{bmatrix} -L_2 S_2 \\ L_2 C_2 \end{bmatrix} \end{cases} \tag{4}$$

となり，$\boldsymbol{J}_1 \dot{d}_1$ と $\boldsymbol{J}_2 \dot{\theta}_2$ は，**解図 4.1** に示す物理的意味をもつ。

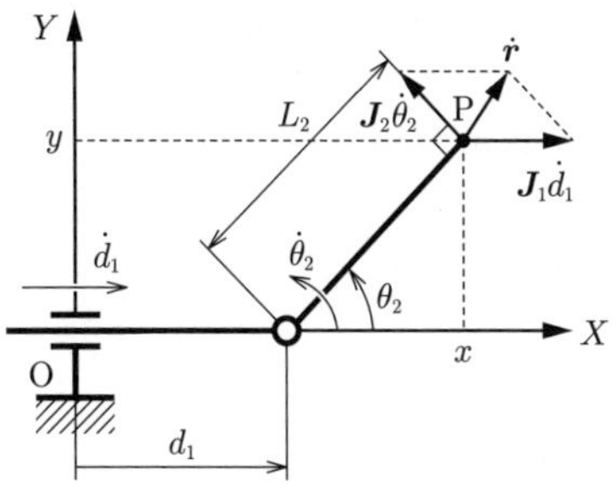


**解図 4.1**　2DOF マニピュレータ（並進+回転）の速度の関係式の物理的意味

また，加速度の関係式はつぎのようになる。

$$\ddot{\boldsymbol{r}} = \boldsymbol{J}\ddot{\boldsymbol{\theta}} + \dot{\boldsymbol{J}}\dot{\boldsymbol{\theta}} \tag{5}$$

$$\dot{\boldsymbol{J}} = \begin{bmatrix} 0 & -L_2 C_2 \dot{\theta}_2 \\ 0 & -L_2 S_2 \dot{\theta}_2 \end{bmatrix} \tag{6}$$

【2】 例題 4.1 と同じ手順で求めることにする。

手順 (1) においては，手先姿勢 $\phi$ を $X$ 軸方向からの反時計回りの角とすると

$$x = L_1 C_1 + L_2 C_{12} + L_3 C_{123} \tag{7}$$

$$y = L_1 S_1 + L_2 S_{12} + L_3 S_{123} \tag{8}$$

$$\phi = \theta_1 + \theta_2 + \theta_3 \tag{9}$$

となる。ただし，$C_{123} = \cos(\theta_1 + \theta_2 + \theta_3)$, $S_{123} = \sin(\theta_1 + \theta_2 + \theta_3)$ である。

手順 (2) においては，ヤコビ行列 $\boldsymbol{J}$ を，$\dot{\boldsymbol{r}} = [\,\dot{x}\ \ \dot{y}\ \ \dot{\phi}\,]^{\mathrm{T}}$ と $\dot{\boldsymbol{\theta}} = [\,\dot{\theta}_1\ \dot{\theta}_2\ \dot{\theta}_3\,]^{\mathrm{T}}$ を用いて

$$\dot{\boldsymbol{r}} = \boldsymbol{J}\dot{\boldsymbol{\theta}} \tag{10}$$

により定義すると，式 (7)〜(9) より

$$\begin{cases} \dfrac{\partial x}{\partial \theta_1} = -L_1S_1 - L_2S_{12} - L_3S_{123} \\ \dfrac{\partial x}{\partial \theta_2} = -L_2S_{12} - L_3S_{123} \\ \dfrac{\partial x}{\partial \theta_3} = -L_3S_{123} \end{cases} \tag{11}$$

$$\begin{cases} \dfrac{\partial y}{\partial \theta_1} = L_1C_1 + L_2C_{12} + L_3C_{123} \\ \dfrac{\partial y}{\partial \theta_2} = L_2C_{12} + L_3C_{123} \\ \dfrac{\partial y}{\partial \theta_3} = L_3C_{123} \end{cases} \tag{12}$$

$$\begin{cases} \dfrac{\partial \phi}{\partial \theta_1} = 1 \\ \dfrac{\partial \phi}{\partial \theta_2} = 1 \\ \dfrac{\partial \phi}{\partial \theta_3} = 1 \end{cases} \tag{13}$$

を得る。そして，式 (11)〜(13) を式 (4.4) に代入して

$$\boldsymbol{J} = \begin{bmatrix} -L_1S_1 - L_2S_{12} - L_3S_{123} & -L_2S_{12} - L_3S_{123} & -L_3S_{123} \\ L_1C_1 + L_2C_{12} + L_3C_{123} & L_2C_{12} + L_3C_{123} & L_3C_{123} \\ 1 & 1 & 1 \end{bmatrix} \tag{14}$$

を得る。第 3 行目の各要素が 1 であることは，各関節の関節角速度がそのまま手先の角速度として反映されることを意味している。

## 5 章

【 1 】 静力学関係式は次式で表される。

$$\boldsymbol{\tau} = \boldsymbol{J}^{\mathrm{T}}\boldsymbol{F} \tag{1}$$

ここで

$$\boldsymbol{J}^{\mathrm{T}} = \begin{bmatrix} 1 & 0 \\ -L_2S_2 & L_2C_2 \end{bmatrix} \tag{2}$$

$$\begin{cases} \boldsymbol{J}^{\mathrm{T}} = \begin{bmatrix} \boldsymbol{J}_1^{\mathrm{T}} \\ \boldsymbol{J}_2^{\mathrm{T}} \end{bmatrix} \\ \boldsymbol{J}_i \in \boldsymbol{R}^{2\times 1} \quad (i = 1, 2) \end{cases} \tag{3}$$

とすると

$$\begin{cases} \boldsymbol{J}_1^{\mathrm{T}} = [\,1 \;\; 0\,] \\ \boldsymbol{J}_2^{\mathrm{T}} = [\,-L_2S_2 \;\; L_2C_2\,] \end{cases} \tag{4}$$

であるので，次式が成立する。

$$f_1 = \boldsymbol{J}_1^{\mathrm{T}}\boldsymbol{F} = f_x \tag{5}$$

$$\tau_2 = \boldsymbol{J}_2^{\mathrm{T}}\boldsymbol{F} = -L_2S_2f_x + L_2C_2f_y \tag{6}$$

並進関節の関節駆動力 $f_1$ の物理的意味は，**解図 5.1** に示すように $\boldsymbol{F}$ の $\boldsymbol{J}_1$ 方向への射影成分，すなわち $\boldsymbol{F}$ の $X$ 成分となることである。一方，$\tau_2$ の物理的意味を考えるために，図に示すように第 2 関節から手先 P へ向かう位置ベクトルを $\boldsymbol{p}_2$ とすると

$$\boldsymbol{p}_2 = \begin{bmatrix} L_2C_2 \\ L_2S_2 \end{bmatrix} \tag{7}$$

であるので

$$\boldsymbol{p}_2 \times \boldsymbol{F} = -L_2S_2f_x + L_2C_2f_y \tag{8}$$

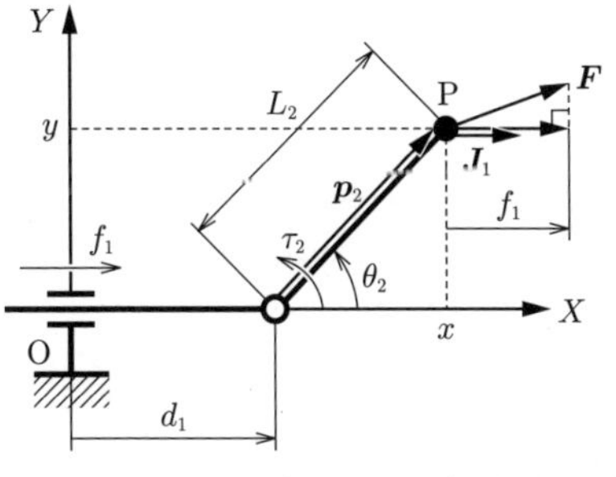


**解図 5.1**　2DOF マニピュレータ（並進+回転）の静力学関係式の物理的意味

となる。式 (6) と式 (8) より，次式が成立する。

$$\tau_2 = \boldsymbol{p}_2 \times \boldsymbol{F} \tag{9}$$

ここで，$\boldsymbol{p}_2$ は回転関節の位置から手先力の作用点までの位置ベクトルであるので，回転関節の関節駆動力 $\tau_2$ は，$\boldsymbol{p}_2$ と手先力 $\boldsymbol{F}$ の外積という物理的意味をもつ。

なお，式 (8), (9) における演算子「×」は，5.2.3 項の式 (5.24), (5.25) における演算子「×」と同一のものである。

【2】 三つの関節角が与えられた姿勢であるとき，4 章の章末問題解答の式 (14) より

$$\boldsymbol{J} = \begin{bmatrix} -L_2 & -L_2 & 0 \\ L_1 - L_3 & -L_3 & -L_3 \\ 1 & 1 & 1 \end{bmatrix} \tag{10}$$

となる。よって

$$\boldsymbol{\tau}_A = \boldsymbol{J}^{\mathrm{T}}\boldsymbol{F}_A = \begin{bmatrix} -L_2 f_x \\ -L_2 f_x \\ 0 \end{bmatrix} \tag{11}$$

$$\boldsymbol{\tau}_B = \boldsymbol{J}^{\mathrm{T}}\boldsymbol{F}_B = \begin{bmatrix} (L_1 - L_3) f_y \\ -L_3 f_y \\ -L_3 f_y \end{bmatrix} \tag{12}$$

$$\boldsymbol{\tau}_C = \boldsymbol{J}^{\mathrm{T}}\boldsymbol{F}_C = \begin{bmatrix} N \\ N \\ N \end{bmatrix} \quad \text{（すべての関節に同じ駆動力 } N \text{ が必要）} \tag{13}$$

## 6 章

【1】 まず，手順 (1) として，マニピュレータの関節変数 $d_1, \theta_2$ を一般化座標とし，関節駆動力 $f_1, \tau_2$ を一般化力とする。つぎに，手順 (2) a として第 $i$ リンクの質量中心の位置 $\boldsymbol{p}_{Ci}\,(i = 1, 2)$ を求めると

$$\begin{cases} \boldsymbol{p}_{C1} = \begin{bmatrix} d_1 - L_{C1} \\ 0 \end{bmatrix} \\ \boldsymbol{p}_{C2} = \begin{bmatrix} d_1 + L_{C2} C_2 \\ L_{C2} S_2 \end{bmatrix} \end{cases} \tag{1}$$

となり，第 $i$ リンクの質量中心の速度 $\dot{\boldsymbol{p}}_{Ci}\,(i=1,2)$ は

$$\begin{cases} \dot{\boldsymbol{p}}_{C1} = \begin{bmatrix} \dot{d}_1 \\ 0 \end{bmatrix} \\ \dot{\boldsymbol{p}}_{C2} = \begin{bmatrix} \dot{d}_1 - L_{C2}S_2\,\dot{\theta}_2 \\ L_{C2}C_2\,\dot{\theta}_2 \end{bmatrix} \end{cases} \tag{2}$$

となる。これらを用いて，手順 (2) b としてマニピュレータ全体の運動エネルギー $K$ と位置エネルギー $P$ を求めると，つぎのようになる。

$$\begin{aligned} K &= K_1 + K_2 \\ &= \frac{1}{2}m_1\dot{\boldsymbol{p}}_{C1}^{\mathrm{T}}\dot{\boldsymbol{p}}_{C1} + \frac{1}{2}m_2\,\dot{\boldsymbol{p}}_{C2}^{\mathrm{T}}\,\dot{\boldsymbol{p}}_{C2} + \frac{1}{2}I_{C2}\dot{\theta}_2^2 \\ &= \frac{1}{2}m_1\dot{d}_1^2 + \frac{1}{2}m_2(\dot{d}_1^2 - 2L_{C2}S_2\,\dot{d}_1\dot{\theta}_2 + L_{C2}^2\,\dot{\theta}_2^2) + \frac{1}{2}I_{C2}\,\dot{\theta}_2^2 \end{aligned} \tag{3}$$

$$\begin{aligned} P &= P_1 + P_2 \\ &= 0 + m_2gL_{C2}S_2 \\ &= m_2gL_{C2}S_2 \end{aligned} \tag{4}$$

ここで，各リンクの運動エネルギーが質量中心の並進運動の運動エネルギーと質量中心まわりの回転運動の運動エネルギーの和で表されることに注意されたい。手順 (2) c として，ラグランジアン $L$ はつぎのように求められる。

$$\begin{aligned} L &= K - P \\ &= \frac{1}{2}m_1\dot{d}_1^2 + \frac{1}{2}m_2(\dot{d}_1^2 - 2L_{C2}S_2\,\dot{d}_1\dot{\theta}_2 + L_{C2}^2\,\dot{\theta}_2^2) + \frac{1}{2}I_{C2}\,\dot{\theta}_2^2 \\ &\quad - m_2gL_{C2}S_2 \end{aligned} \tag{5}$$

手順 (3) として，この $L$ を式 (6.20) に代入して次式を得る。

$$\begin{cases} (m_1+m_2)\,\ddot{d}_1 - m_2L_{C2}S_2\,\ddot{\theta}_2 - m_2L_{C2}C_2\,\dot{\theta}_2^2 = f_1 \\ -m_2L_{C2}S_2\,\ddot{d}_1 + (m_2L_{C2}^2 + I_{C2})\,\ddot{\theta}_2 + m_2gL_{C2}C_2 = \tau_2 \end{cases} \tag{6}$$

手順 (4) として，これらをまとめて次式を得る。

$$\boldsymbol{M}\ddot{\boldsymbol{\theta}} + \boldsymbol{c} + \boldsymbol{g} = \boldsymbol{\tau} \tag{7}$$

$$\begin{cases} \boldsymbol{M} = \begin{bmatrix} m_1 + m_2 & -m_2 L_{C2} S_2 \\ -m_2 L_{C2} S_2 & m_2 L_{C2}^2 + I_{C2} \end{bmatrix} \\ \boldsymbol{c} = \begin{bmatrix} -m_2 L_{C2} C_2 \, \dot{\theta}_2^2 \\ 0 \end{bmatrix} \\ \boldsymbol{g} = \begin{bmatrix} 0 \\ m_2 g L_{C2} C_2 \end{bmatrix} \end{cases} \tag{8}$$

さて，$\boldsymbol{M}, \boldsymbol{c}, \boldsymbol{g}$ は $\theta_2$ の関数であるため，$\theta_2$ によってどのように変化するか調べよう。$\theta_2 = 0$ のときの $\boldsymbol{M}, \boldsymbol{c}, \boldsymbol{g}$ はそれぞれ

$$\begin{cases} \boldsymbol{M} = \begin{bmatrix} m_1 + m_2 & 0 \\ 0 & m_2 L_{C2}^2 + I_{C2} \end{bmatrix} \\ \boldsymbol{c} = \begin{bmatrix} -m_2 L_{C2} \, \dot{\theta}_2^2 \\ 0 \end{bmatrix} \\ \boldsymbol{g} = \begin{bmatrix} 0 \\ m_2 g L_{C2} \end{bmatrix} \end{cases} \tag{9}$$

となり，$\theta_2 = \pi/2$ のときの $\boldsymbol{M}, \boldsymbol{c}, \boldsymbol{g}$ はそれぞれ

$$\begin{cases} \boldsymbol{M} = \begin{bmatrix} m_1 + m_2 & -m_2 L_{C2} \\ -m_2 L_{C2} & m_2 L_{C2}^2 + I_{C2} \end{bmatrix} \\ \boldsymbol{c} = \begin{bmatrix} 0 \\ 0 \end{bmatrix} \\ \boldsymbol{g} = \begin{bmatrix} 0 \\ 0 \end{bmatrix} \end{cases} \tag{10}$$

となる。すなわち，慣性行列 $\boldsymbol{M}$ に現れる動力学的干渉については，$\theta_2 = 0$ のときになくなり，$\theta_2 = \pi/2$ のときに最大となる。

また，遠心力・コリオリ力項 $\boldsymbol{c}$ については，遠心力の $f_1$ 方向への射影成分が $\boldsymbol{c}$ の第 1 成分に現れているため，**解図 6.1** からもわかるように $\theta_2 = 0$ のときに最大となり，$\theta_2 = \pi/2$ のときに現れなくなる。なお，$\boldsymbol{c}$ の第 2 成分がつねに 0 となるのは，遠心力の $\tau_2$ 方向への射影成分がつねに 0 となるためである。

一方，重力項 $\boldsymbol{g}$ については，重力の $\tau_2$ 方向への射影成分が $\boldsymbol{g}$ の第 2 成分に現れているため，図からもわかるように $\theta_2 = 0$ のときに最大となり，$\theta_2 = \pi/2$ のときに現れなくなる。なお，$\boldsymbol{g}$ の第 1 成分がつねに 0 となるのは，6.3.1 項で述べたものと同様に，重力の $f_1$ 方向への射影成分がつねに 0 となるためである。

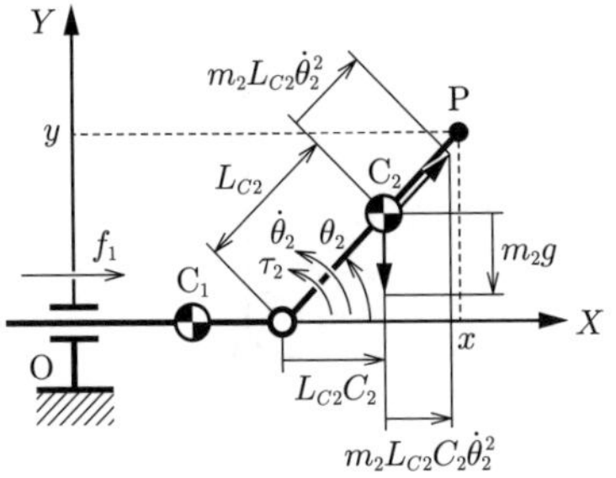


**解図 6.1**　遠心力項と重力項の物理的意味

また，$\theta_2 = \pi/2$ のときには，速度の関係式は

$$\begin{cases} \dot{\boldsymbol{r}} = \boldsymbol{J}\dot{\boldsymbol{\theta}} \\ \boldsymbol{J} = \begin{bmatrix} 1 & -L_2 \\ 0 & 0 \end{bmatrix} \end{cases} \tag{11}$$

となり，このマニピュレータは $X$ 軸方向にのみ，手先速度を生成できることになる。しかしながら，このとき，このマニピュレータは $X$ 軸方向の運動については運動学的冗長性をもつことになる。運動学的冗長性については，8 章を参照されたい。

手先外力 $\boldsymbol{F}_E$ が作用するときには，式 (7) の右辺の駆動力に手先外力の項が加わり，運動方程式はつぎのようになる。

$$\boldsymbol{M}\ddot{\boldsymbol{\theta}} + \boldsymbol{c} + \boldsymbol{g} = \boldsymbol{\tau} + \boldsymbol{J}^{\mathrm{T}}\boldsymbol{F}_E \tag{12}$$

式 (12) は，インピーダンス制御などを議論する場合に用いられる。インピーダンス制御については，9 章を参照されたい。

## 7 章

**【1】** (1)　**解図 7.1** に解答を示す。

(2)　式 (7.24) より，以下の式が成立する。

$$\boldsymbol{F}_S = \boldsymbol{J}_S^{-\mathrm{T}}\boldsymbol{\tau}_q \tag{1}$$

また，題意の配置と姿勢のとき

$$\boldsymbol{J}_S^{-\mathrm{T}} = (\boldsymbol{J}_S^{\mathrm{T}})^{-1} = \begin{bmatrix} (\boldsymbol{J}_{S1}^{\mathrm{T}})^{-1} & \boldsymbol{O} \\ \boldsymbol{O} & (\boldsymbol{J}_{S2}^{\mathrm{T}})^{-1} \end{bmatrix}$$

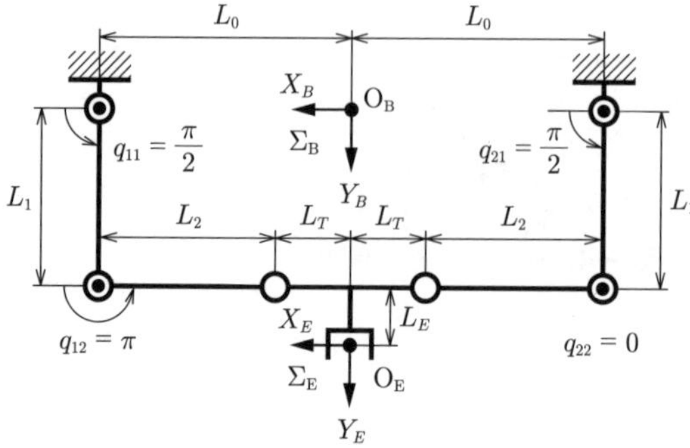


**解図 7.1**　題意の配置と姿勢における 3DOF 平面パラレル・リンク機構

$$(\boldsymbol{J}_{S1}^{\mathrm{T}})^{-1} = \begin{bmatrix} -\dfrac{1}{L_1} & 0 \\ 0 & -\dfrac{1}{L_2} \end{bmatrix}$$

$$(\boldsymbol{J}_{S2}^{\mathrm{T}})^{-1} = \begin{bmatrix} -\dfrac{1}{L_1} & 0 \\ 0 & \dfrac{1}{L_2} \end{bmatrix}$$

となるので

$$\boldsymbol{F}_S = \begin{bmatrix} \boldsymbol{F}_{S1} \\ \boldsymbol{F}_{S2} \end{bmatrix} = \begin{bmatrix} -\dfrac{\tau_{q11}}{L_1} \\ -\dfrac{\tau_{q12}}{L_2} \\ -\dfrac{\tau_{q21}}{L_1} \\ \dfrac{\tau_{q22}}{L_2} \end{bmatrix} \tag{2}$$

となる。

また，$L_E = 0$ のとき

$$\boldsymbol{J}_T^{\mathrm{T}} = [\, \boldsymbol{J}_{T1}^{\mathrm{T}} \ \boldsymbol{J}_{T2}^{\mathrm{T}} \,] = \begin{bmatrix} 1 & 0 & 1 & 0 \\ 0 & 1 & 0 & 1 \\ 0 & L_T & 0 & -L_T \end{bmatrix}$$

となるので，式 (7.25) より

$$\boldsymbol{F} = \boldsymbol{J}_T^{\mathrm{T}} \boldsymbol{F}_S = \begin{bmatrix} f_{S1x} + f_{S2x} \\ f_{S1y} + f_{S2y} \\ L_T\,(f_{S1y} - f_{S2y}) \end{bmatrix} \tag{3}$$

となる。よって，式 (2), (3) より

$$\boldsymbol{F} = \begin{bmatrix} f_x \\ f_y \\ N \end{bmatrix} = \begin{bmatrix} -\dfrac{1}{L_1}(\tau_{q11} + \tau_{q21}) \\ \dfrac{1}{L_2}(-\tau_{q12} + \tau_{q22}) \\ -\dfrac{L_T}{L_2}(\tau_{q12} + \tau_{q22}) \end{bmatrix} \tag{4}$$

となる。

(3) (2) の結果より，以下のことがいえる。

- $f_x$ は，$\tau_{q11}$ と $\tau_{q21}$ の合力に比例し，その大きさは $L_1$ が小さい方が大きくなる。
- $f_y$ と $N$ は，$\tau_{q12}$ と $\tau_{q22}$ の差と和に比例する。$f_y$ の大きさは $L_2$ が小さい方が大きくなり，$N$ の大きさは $L_T/L_2$ が大きい方が大きくなる。

なお，題意の配置と姿勢における本パラレル・リンク機構の手先加速度 $\ddot{\boldsymbol{r}}$ についても，式 (7.23) の手先力と式 (7.37)〜(7.39) の運動方程式によって定まるので，生成される加速度を求めたい場合には，本パラレル・リンク機構の運動方程式の慣性行列などの値が必要となる。

## 8 章

【1】 解図 **8.1** に示すように，$\theta_2 = 0$ のとき，6 章の章末問題解答の式 (9) より，次式を得る。

$$\boldsymbol{M} = \begin{bmatrix} m_1 + m_2 & 0 \\ 0 & m_2 L_{C2}^2 + I_{C2} \end{bmatrix} \tag{1}$$

また，式 (8.23) に対応する運動学は

$$\begin{cases} \dot{x} = \boldsymbol{J}_x \dot{\boldsymbol{\theta}} \\ \boldsymbol{J}_x = [1\ 0] \end{cases} \tag{2}$$

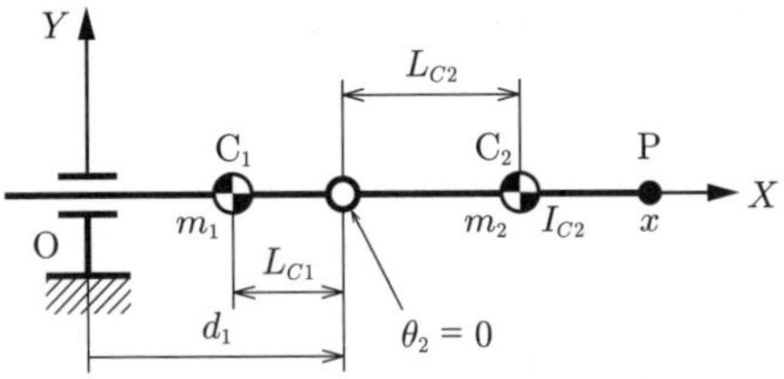


**解図 8.1**　題意の姿勢における 2DOF マニピュレータ

である。この式 (2) は，形式的には $\dot{x} \in \boldsymbol{R}^1$，$\dot{\boldsymbol{\theta}} \in \boldsymbol{R}^2$ より冗長マニピュレータであるが，実質的には

$$\dot{x} = \dot{d}_1 \tag{3}$$

であり，冗長性があるとはいえない。また，このとき，式 (8.29) より，次式を得る。

$$\begin{aligned} M_x &= (\boldsymbol{J}_x \boldsymbol{M}^{-1} \boldsymbol{J}_x^{\mathrm{T}})^{-1} \\ &= \left( \begin{bmatrix} 1 & 0 \end{bmatrix} \begin{bmatrix} \dfrac{1}{m_1 + m_2} & 0 \\ 0 & \dfrac{1}{m_2 L_{C2}^2 + I_{C2}} \end{bmatrix} \begin{bmatrix} 1 \\ 0 \end{bmatrix} \right)^{-1} \\ &= m_1 + m_2 \end{aligned} \tag{4}$$

すなわち，$\theta_2 = 0$ の姿勢においては，運動学的冗長性はなく，慣性の低減化は起こらない。

【2】 式 (8.49), (8.50) より，次式が成り立つ。

$$(m_T + m_1 + m_2)\,\ddot{x} = f_1 + f_2 \tag{5}$$

よって，$m_1 = m_2 = m$，$f_1 = f_2 = f$ のとき，式 (5) は，$m_T$ の値によってつぎのようになる。

$$m\ddot{x} \fallingdotseq f \quad (m_T \ll m) \tag{6}$$

$$m_T\,\ddot{x} \fallingdotseq 2f \quad (m_T \gg m) \tag{7}$$

すなわち，$m_T \gg m$ のとき，二つのアクチュエータによって加速運動を生成することになり，アクチュエータ一つのときと比べて高加速性が期待できる。

## 9章

【1】 式 (9.8), (8.8) より，関節駆動力は次式で与えられる。

$$\begin{cases} \boldsymbol{\tau} = (\boldsymbol{J}^{\mathrm{T}})^{\dagger} F_0 + \{\boldsymbol{E} - (\boldsymbol{J}^{\mathrm{T}})^{\dagger} \boldsymbol{J}^{\mathrm{T}}\}\,\boldsymbol{y} \\ (\boldsymbol{J}^{\mathrm{T}})^{\dagger} = \boldsymbol{J}\,(\boldsymbol{J}^{\mathrm{T}}\boldsymbol{J})^{-1} \end{cases} \tag{1}$$

$$\begin{cases} \dot{\boldsymbol{\theta}} = \boldsymbol{J}\dot{x} \\ \boldsymbol{J} = \begin{bmatrix} 1 \\ 1 \end{bmatrix} \in \boldsymbol{R}^{2\times 1} \end{cases} \tag{2}$$

ここで

$$
\left\{
\begin{aligned}
(\boldsymbol{J}^{\mathrm{T}})^{\dagger} &= \begin{bmatrix} \dfrac{1}{2} \\ \dfrac{1}{2} \end{bmatrix} \\
\boldsymbol{E} - (\boldsymbol{J}^{\mathrm{T}})^{\dagger}\boldsymbol{J}^{\mathrm{T}} &= \begin{bmatrix} \dfrac{1}{2} & -\dfrac{1}{2} \\ -\dfrac{1}{2} & \dfrac{1}{2} \end{bmatrix}
\end{aligned}
\right. \tag{3}
$$

より，次式を得る。

$$
\boldsymbol{\tau} = \begin{bmatrix} \dfrac{1}{2} \\ \dfrac{1}{2} \end{bmatrix} F_0 + \begin{bmatrix} \dfrac{1}{2} & -\dfrac{1}{2} \\ -\dfrac{1}{2} & \dfrac{1}{2} \end{bmatrix} \boldsymbol{y} \tag{4}
$$

式 (4) の右辺第 2 項は $\boldsymbol{\tau}$ の成分であり，$\boldsymbol{0}$ ではないが，式 (8.10) に代入すると，$\boldsymbol{y} \in \boldsymbol{R}^2$ に任意の値を代入しても，つぎのように $F$ は 0 となる。

$$
F = \boldsymbol{J}^{\mathrm{T}}\boldsymbol{\tau} = \begin{bmatrix} 1 & 1 \end{bmatrix} \begin{bmatrix} \dfrac{1}{2} & -\dfrac{1}{2} \\ -\dfrac{1}{2} & \dfrac{1}{2} \end{bmatrix} \boldsymbol{y} = \begin{bmatrix} 0 & 0 \end{bmatrix} \boldsymbol{y} = 0 \tag{5}
$$

このことは，式 (1) についても成立する。すなわち，式 (9.8) の右辺第 2 項は，手先力を生成しない関節駆動力であり，機構内部の力ということができる。

**【2】** 式 (9.43), (4.11) をあわせたものが剛性制御則となる。また，与えられた姿勢のとき

$$
\boldsymbol{J} = \begin{bmatrix} -L_2 & -L_2 \\ L_1 & 0 \end{bmatrix}
$$

より

$$
\boldsymbol{K}_d = \begin{bmatrix} K_{dx} & 0 \\ 0 & K_{dy} \end{bmatrix}
$$

とすると，次式を得る。

$$
\boldsymbol{J}^{\mathrm{T}}\boldsymbol{K}_d\,\boldsymbol{J} = \begin{bmatrix} L_2^2 K_{dx} + L_1^2 K_{dy} & L_2^2 K_{dx} \\ L_2^2 K_{dx} & L_2^2 K_{dx} \end{bmatrix} \tag{6}
$$

式 (9.43) と式 (6) より，並進剛性 $K_{dx}$，$K_{dy}$ が，回転剛性に変換される際に，$L_2^2$ または $L_1^2$ がかけられることがわかる。また，$\tau_2$ と $\theta_2$ の間の関節剛性においては，$K_{dx}$ のみが影響を与え，$K_{dy}$ は影響しないが，この理由は，$K_{dy}$ に対応する $Y$ 軸方向の手先力成分が，回転関節である第 2 関節を通る直線上にあるからである（図 5.4 参照）。

# 索　　　引

—— 著 者 略 歴 ——

**永井　清**（ながい　きよし）

1983年　京都大学工学部精密工学科卒業
1986年　京都大学大学院修士課程修了
　　　　（精密工学専攻）
1987年　京都大学大学院博士課程中退
　　　　（精密工学専攻）
1987年　立命館大学理工学部助手
1995年　博士（工学）（京都大学）
1995年　立命館大学理工学部助教授
1995年　米国スタンフォード大学客員研究員
～96年
2004年　英国レディング大学客員研究員
～05年
2007年　立命館大学理工学部教授
　　　　現在に至る

**土橋　宏規**（どばし　ひろき）

2007年　京都大学工学部物理工学科卒業
2009年　京都大学大学院修士課程修了
　　　　（機械理工学専攻）
2012年　京都大学大学院博士課程修了
　　　　（機械理工学専攻）
　　　　京都大学博士（工学）
2012年　関西学院大学理工学部契約助手
2013年　立命館大学理工学部助教
2017年　和歌山大学システム工学部講師
　　　　立命館大学客員協力研究員
2023年　和歌山大学システム工学部准教授
　　　　現在に至る

**ロボット機構学（改訂版）**

Robot Mechanics (Revised Edition)


2015 年 9 月 17 日　初版第 1 刷発行
2023 年 10 月 5 日　初版第 4 刷発行（改訂版）

検印省略

著　　者　永　井　　　清
　　　　　土　橋　宏　規
発 行 者　株式会社　コ ロ ナ 社
　　　　　代 表 者　牛 来 真 也
印 刷 所　三 美 印 刷 株 式 会 社
製 本 所　有限会社　愛 千 製 本 所

112–0011　東京都文京区千石 4–46–10
**発 行 所　株式会社　コ ロ ナ 社**
CORONA PUBLISHING CO., LTD.
Tokyo Japan
振替 00140–8–14844・電話（03）3941–3131（代）
ホームページ　https://www.coronasha.co.jp

ISBN 978–4–339–04509–3　C3353　Printed in Japan　（大井）

**18年ぶりの全面大改訂版!**

# ロボット工学ハンドブック（第3版）

## 日本ロボット学会 編

B5判／上製・箱入／1,086頁／本体38,000円

**編集委員会**

【委員長】　菅野　重樹（早稲田大学）

【委　員】　長谷川泰久（名古屋大学）　原田　研介（大阪大学）

尾形　哲也（早稲田大学 / 産業技術総合研究所）

永谷　圭司（東京大学）　倉林　大輔（東京工業大学）

**主要目次**

第Ⅰ編　ロボット学概論

第Ⅱ編　ロボット構成要素

第Ⅲ編　ロボット制御・知能化技術

第Ⅳ編　ロボット応用

第Ⅴ編　ロボット工学の基礎理論

**本書の特長**

- ロボットに関わる研究者・技術者，大学・高専生にとって役立つ，**最新・最良の必携ハンドブック**。
- 全体を５編構成とし，ロボットのあらゆる事項を網羅した。
- ロボットがあらゆる学問を包含する究極の対象であることから，第Ⅰ編として「ロボット学概論」を設け，第Ⅱ編以降ではロボットの構成要素，制御・知能化技術，産業応用，それらを支える基礎理論などを体系的に学ぶことができる。
- 大改訂にともない，約260名の大学，メーカー，行政機関などの第一線の方々が執筆。
- 主要な用語に対しては，その初出時に対応英語をカッコ書きで付けた。

コロナ社Webページに特設サイトを設けました。
書籍の詳細情報が閲覧できます。

定価は本体価格+税です。
定価は変更されることがありますのでご了承下さい。

図書目録進呈◆